KB049985

최영호 쌤의 옷 만들기

-남성복 바지-

남성복 바지

최영호 쌤의 옷 만들기

초판 1쇄 인쇄일 2023년 03월 24일
초판 1쇄 발행일 2023년 03월 31일

지은이 최영호
펴낸이 양옥매
마케팅 송용호
교 정 최영호
본문 디자인 최영호
표지 디자인 정수정

펴낸곳 도서출판 책과나무
출판등록 제2012-000376
주소 서울특별시 마포구 방울내로 79 이노빌딩 302호
대표전화 02.372.1537 **팩스** 02.372.1538
이메일 booknamu2007@naver.com
홈페이지 www.booknamu.com
ISBN 979-11-6752-274-0 [93590]

* 저작권법에 의해 보호를 받는 저작물이므로 저자와 출판사의 동의 없이
  내용의 일부를 인용하거나 발췌하는 것을 금합니다.
* 파손된 책은 구입처에서 교환해 드립니다.

최영호 쌤의 옷 만들기

-남성복 바지-

• 최영호 지음 •

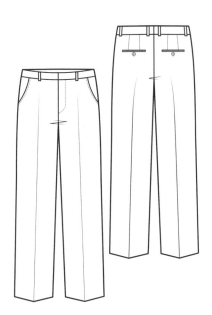

책과나무

봉제를 사랑하는 분들께!

수십 년 동안 봉제와 함께하면서 늘 떠나지 않는 한 가지 생각이 있었다. 우리는 일상에서 가장 중요한 것을 표현할 때는 '의식주(衣食住)'라고 한다. 그러나 살면서 경험해 보니 아무리 보아도 이것은 틀린 말이었다. '의식주(衣食住)'가 아니라 '식주의(食住衣)'라고 해야 할 것 같았다. 삶에서는 '음식'이 제일 중요하고, 그다음이 '집'이며, '옷'은 언제나 마지막에 해당하는 것 같은데, '의식주'라고 하니 이 말은 과연 어떤 의미가 있는 것일까?

필자는 최근에야 '의식주(衣食住)'라고 하는 뜻을 알게 되었다. 옷은 그 사람의 인격을 나타내며, 옷이 곧 자기 자신이기 때문이다. 사람은 누구나 입고 있는 옷을 통해서 자신을 나타내고, 또 자신을 완성해 나가게 된다. 다시 말하면 관계의 시작부터 완성까지 옷을 통해서 가능하기에 그렇다.

옷은 우리에게 없어서는 안 될 중요한 것이다. 옷을 통해 사회에서 관계를 맺고, 옷을 통해 자신을 드러내고, 옷을 통해서 자신을 완성해 가기 때문이다. 다시 말하면, 옷으로 자신의 존재를 확인한다.

수십 년 동안 옷 만드는 일을 '업'으로 살아온 필자는 봉제에 뜻을 가진 분들에게 작은 도움이라도 되는 일을 하고 싶었다. 많은 분들이 봉제에 뜻을 두고 있지만, 그 과정은 결코 쉽지 않기 때문이다. 이 일은 도제식 수업이 제일 좋은 방법이지만, 현실적으로 산업 현장이 아닌 수업을 통해 배우기는 어렵다. 산업 현장에서의 많은 경험과 노하우를 영상과 책으로 전달하고자 했는데, 간접적으로 전달하기에는 어려움이 많았다. 필자는 기술은 보기만 해서는 내 것이 되지 않는다고 생각한다. 기술은 직접 해보고 잘 된 방법과 잘못된 방법을 알아가며 내 것으로 만들고 익혀야 하기에 도제식 수업을 하는 마음으로 기술을 직접 전달하고 싶었다. 그래서 필자는 서울 보라매역 근처에 '에스엠씨 패션 전문학원'을 설립해 현재 기술을 원하는 이들에게 도제식 수업을 하고 있다. 이 책은 직접 수업을 들으며 배우는 이들과 혼자 공부하는 이들을 위해 작은 도움을 주려 기술하였다. 수업에서 놓쳤던 부분들과 평소 궁금해하던 부분을 이 책을 통해 조금이나마 해소했으면 한다. 봉제에 뜻을 가진 분이라면, 봉제 경험이 있으신 분이라면, 기술된 내용을 따라 천천히 만들어 가면서 원하는 수준까지 접근할 수 있을 것이다. 이번 책의 바지 만드는 내용을 시작으로, 셔츠와 재킷 그리고 점퍼와 코트 등 다양한 아이템을 가지고 쉽고 재미있게 봉제 이야기를 여러분과 함께 나누고 싶다.

이 책을 기획하고 준비하는 과정에서 서울중부기술교육원 이현희 교수님과 학원의 시작을 함께하며 이 책의 패턴 작업을 도와주고 지금까지 함께해 온 정수정 선생님, 이성준 선생님에게 감사의 인사를 드린다.

그리고 좋은 벗으로, 지금도 계속해서 필자에게 더욱 성장하도록 자극을 주는 조극영 모델리스트에게 고마운 마음을 전한다.

2023년 3월

최영호

CONTENTS

준비물

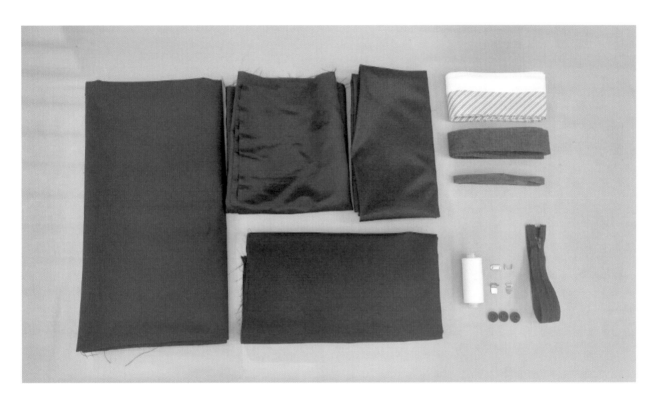

원단 60인치 폭 2y (152×182)

주머니속 1.2y (114×110)

무릎안감 0.5y

허리안감 1.5y

허리싱 1.5y

종이심지 1y

단추 15㎜ 3개

18㎜ 1개

마이깡(후크) 1세트

봉제실 1콘

마름질

1 겉감 마름질 하기

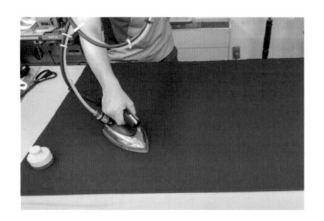

01 원단의 안쪽면이 겉으로 나오도록 반을 접어 다린다.
옷을 완성했을 때 완성 사이즈가 정확히 나오도록 다리미
로 수축 작업을 한다.

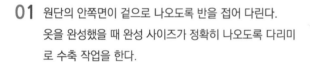

02 종이 패턴의 그림과 같은 위치에 송곳질을 하여 구멍을
낸다. 뒷판의 쌍입술 입구와 다트끝에서 5㎜ 올라간 위치
에 송곳질을 한다.

쌍입술
입구

뒷판 패턴

다트 끝

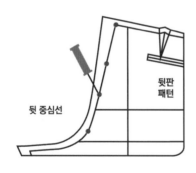

뒷판
패턴

뒷 중심선

03 그림과 같이 뒷판 중심선에도 군데군데 송곳질을 한다.

04 결선을 맞추어 원단 위에 패턴을 배치한다. 배치순서나
위치에 정해진 규칙은 없지만 **마름질** 할 때에는 항상 큰
패턴부터 배치시키고 큰 패턴의 사이사이 남는 공간에
작은 부속들을 배치시켜야 원단 요척을 최대한 적게 사용
할 수 있다.

마름질 한눈에 보기 🔍

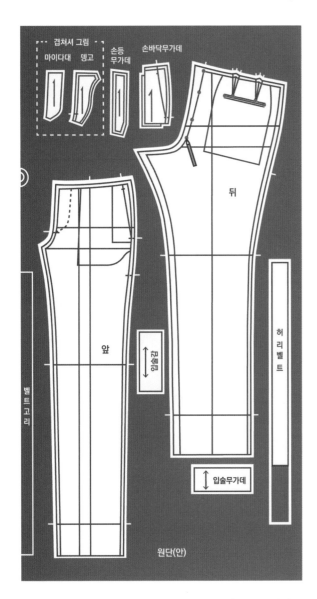

겹쳐서 그림
마이다대 뎅고
손등무가데
손바닥무가데

뒤

앞

골뒤방향

허리벨트

벨트고리

입술무가데

원단(안)

▶ 패턴 배치나 작업순서에 정해진 규칙은 없으므로 작업자가 편한 방식으로 자유롭게 작업한다. 패턴 가장자리의 흰 선은 초크로 그린 완성선을 나타낸 것이다.

TIP

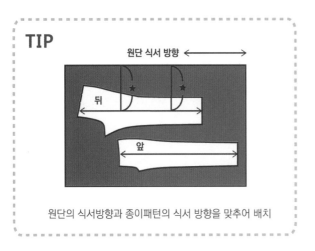

원단 식서 방향 ←→

뒤

앞

원단의 식서방향과 종이패턴의 식서 방향을 맞추어 배치

05 종이패턴을 따라 초크로 가늘게 완성선을 그린다.

06 패턴에 있는 각각의 너치 포인트들을 완성선 바깥으로 표시한다.

07 종이패턴에 송곳으로 구멍을 내주었던 포인트들 (쌍입술입구, 다트 끝, 뒤 중심선)을 은펜을 이용해 원단에 점을 찍어 표시한다.

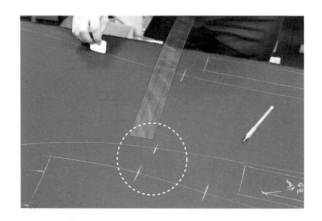

08 완성선 그리기 및 포인트 표시 후 종이 패턴을 걷어내고 다시 완성선 안쪽으로 너치포인트들을 원단에 표시한다. 안쪽으로 표시하지 않고 재단하게 되면 포인트가 없어져 버리게 된다.

09 은펜으로 점찍어 표시해준 포인트들을 연결하여 주머니 입구선을 그린다. 다트 끝점과 완성선 밖의 다트 표시를 연결하여 다트선을 그려준다.

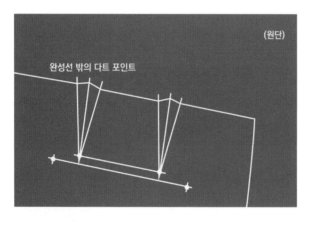

10 주머니 입구선과 다트선을 그려준 모습

11 은펜으로 찍은 뒷중심 포인트들을 연결하여 뒷중심 완성선을 그려준다. 추후 그린 완성선을 보고 뒷중심을 박아야 하기 때문에 지워지지 않게 분초크로 그린다.

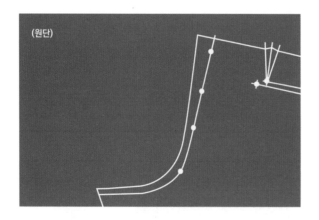

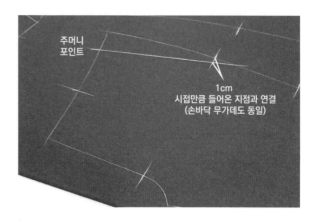

12 뒷중심 완성선을 그려준 모습

13 허리 부분 주머니 포인트와 주머니 끝에서 1㎝ 시접 폭 만큼 들어온 지점을 연결하여 선을 그린다.

 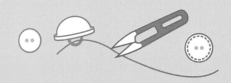

손바닥무가데 패턴이 따로 없을 경우

앞판 패턴의 주머니 끝에서 2㎝ 내려와 잘라
내고 그 지점에서 다시 안쪽으로 2㎝ 들어온
부분부터 시접을 준다.

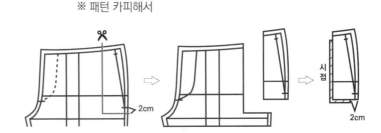

마이다대와 뎅고 겹쳐서 그리기

마이다대와 뎅고는 한 장씩만 재단하는 부속이다. 뎅고 패턴선을 먼저 그린 후 그 위에 겹쳐서 마이다대 패턴선을 그린다.

① 뎅고 패턴선을
   먼저 그리고

② 마이다대
   패턴선을
   겹쳐 그린다.

입술감의 식서방향

입술감의 식서방향은 바이어스,
비바이어스, 푸서 등 어떤 방향이던
크게 상관이 없다.
여기서는 그림과 같이 배치한다.
(전체적인 배치는 2페이지 참조)

입술무가데의 식서방향

입술무가데는 몸판과 식서방향을
동일하게 놓는다. 입술주머니에 손
을 넣었을 때 보이게 되는 입술무
가데가 몸판과 식서방향이 다르면
배색감이 나기 때문이다.

허리벨트의 마름질

허리 벨트는 오른쪽 벨트, 왼쪽 벨트를
따로따로 그리지 않고 좀 더 편히 작업
을 하기 위해 한 장의 패턴을 가지고
그보다 좀 더 길게 그려 준다.
추후 벨트작업 과정에서 왼쪽, 오른쪽
의 벨트 길이를 원래의 허리사이즈에
맞춰 조절하게 된다. 그렇기 때문에 마
름질 과정에서는 벨트의 너치포인트를
굳이 표시하지 않아도 된다.

벨트고리의 마름질

벨트고리는 골선쪽에서 패턴보다 길게
그려준다(2페이지 마름질 그림참고).

2 재단 및 실표뜨기

01 완성선의 안쪽으로 재단을 한다. 완성선의 바깥쪽으로 재단을 하면 선의 두께만큼 완성사이즈가 커지게 된다.

02 각각의 포인트에 너치를 준다. 너치 길이는 3㎜를 넘어가지 않도록 한다.

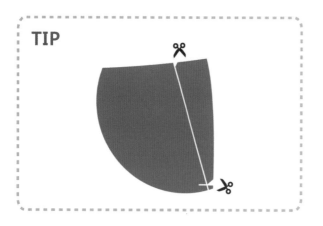

▲ 경사주머니의 너치는 삼각 모양으로 넣는다. 주머니 봉제 과정에서 안감을 풀로 붙이면 너치가 잘 보이지 않기 때문이다.

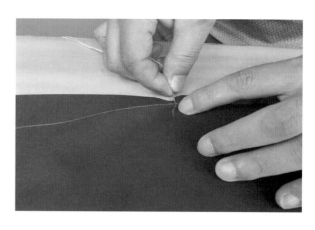

03 너치 포인트마다 실표뜨기를 한다.

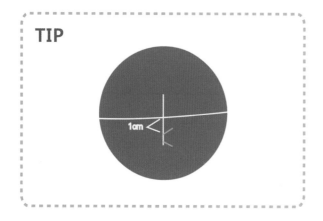

▲ 박음질을 할 때 실표가 같이 박히지 않도록 1㎝ 시접선에서 조금 안쪽으로 들어와 실표를 뜬다.

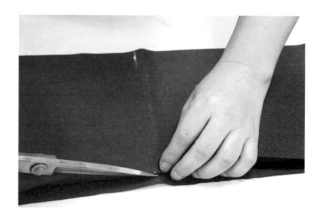

04 실표뜨기한 원단의 사이를 벌려 실을 잘라준다. 실은 길게 남기지 말고 짧게 잘라주어야 원단에서 쉽게 빠지지 않는다.

재단 및 실표뜨기 한눈에 보기

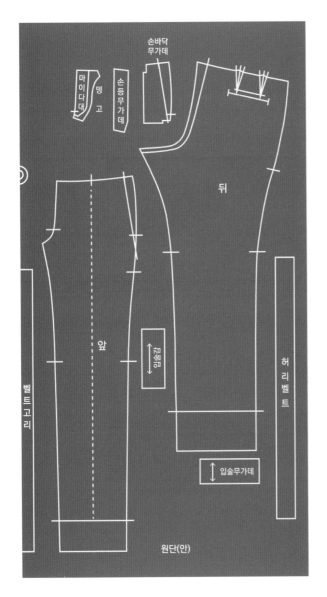

▶ 종이 패턴을 걷어내고 완성선 안쪽으로 너치 표시를 다시 한 상태

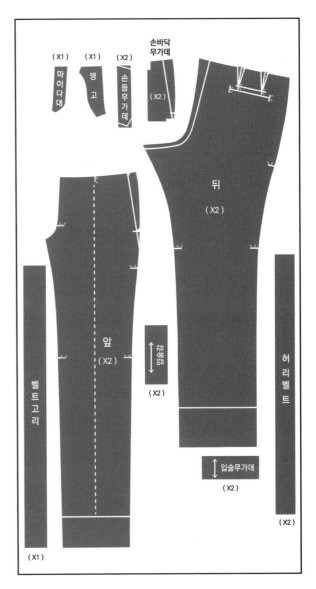

▶ 재단 후 실표뜨기 한 전체 모습

▶ 뒷판 실표뜨기한 모습

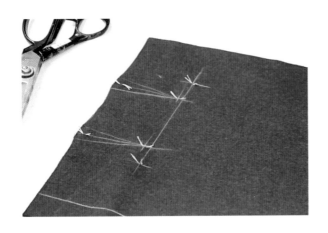

손바닥 무가데에 경사선 그리기

아래의 사진과 같이 허리 너치와 주머니 끝 너치를 연결하여 선을 그려준다. 그려준 선대로 자를 대고 한 손으로 누르고 위의 한 장만 살짝 들춘다음 무가데의 겉과 겉이 마주보고 있는 상태에서 자 옆으로 선을 그어주면 무가데 두장에 한꺼번에 선이 그려지게 된다.

 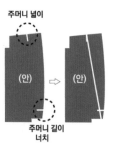  

앞판 겉면에 경사주머니선 그리기

손바닥 무가데 경사선 그리기와 같은 방법으로 앞판의 겉면에 한꺼번에 선을 그려준 다음 주머니 끝 너치를 다시 표시한다.

마이다대와 뎅고 재단하기

두장 함께 뎅고 재단선 모양대로 자른다음 위의 한장만 마이다대 재단선대로 재단한다.

① 뎅고 재단선대로
두장 함께 자른다.

② 위의 한장만 마이다대
재단선대로 자른다.

③ 마이다대 한 장, 뎅고 한 장
재단 완성

손등 무가데의 재단

손등무가데 패턴의 위, 아랫부분 모양은 다르지만 작업을 쉽게 하기 위해서 일직선으로 재단하고 추후 무가데 작업시에 모양을 정리한다.
패턴이 없다면 폭은 5㎝, 길이는 주머니 길이보다 조금 더 여유있게 잘라준다.

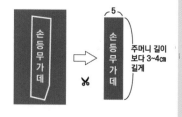

부속 마름질 및 재단 한눈에 보기

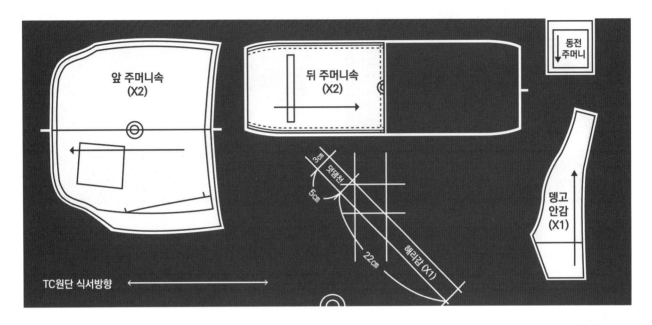

▶ 부속 패턴들을 TC원단 위에 식서에 맞게 배치하고 위의 그림과 같이 마름질 한다.

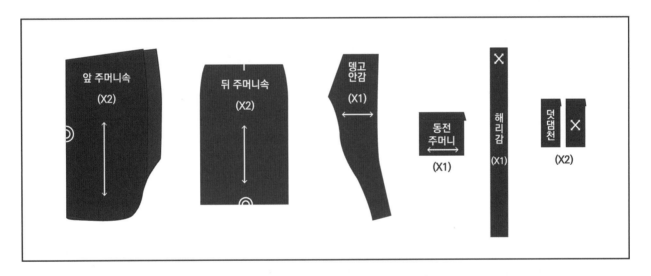

▶ 부속 재단 완성

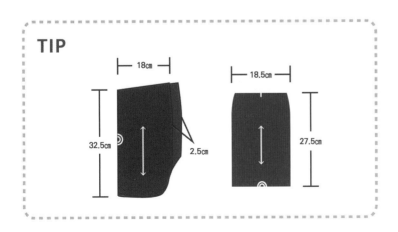

▶ 앞 · 뒤주머니속의 크기

3 주머니감 속 재단하기

01 앞주머니속 패턴을 식서에 맞춰 배치한 후 초크로 완성선을 그리고 중심 너치 표시를 한다.

02 뒷주머니속도 식서에 맞춰 배치한 후 완성선을 그린 다음 골선표시 기준으로 반대쪽으로 패턴을 넘겨 반대 방향으로 한번 더 그린다. 마찬가지로 중심 너치를 표시 한다.

03 뎅고 안감은 줄어드는 것을 방지하기 위해 푸서 방향으로 배치하여 마름질 한다.

04 동전주머니는 원단 샐비지가 있는 경우 그대로 주머니 입구 시접부분으로 이용해도 좋다.

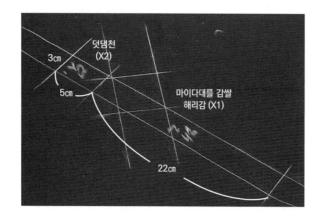

05 바이어스 방향으로 폭은 3㎝, 길이는 22㎝ 정도의 해리감 한 장과 5㎝ 길이의 덧댐천 두 장을 재단한다.

06 완성선대로 재단을 한다.

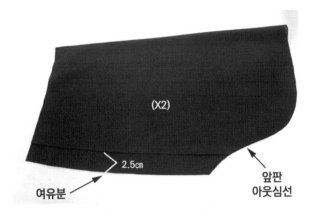

2.5cm

여유분

앞판
아웃심선

07 앞주머니속 두장을 중심 너치 표시한대로 반 접어 다린다. 반으로 접어 다렸을 때 한쪽이 다른 한쪽보다 2 ~ 2.5㎝ 정도 커야 한다.

08 뒤주머니속 두장 역시 반 접어 다리고 중심 너치를 준다.

09 덧댐천과 해리감을 재단한다. 해리감은 한 장만 필요하지만 덧댐천은 두장이 필요하다. 그러나 작업상의 편의를 위해 두겹을 그대로 잘라주고 위의 한 장만 사용한다.

10 덧댐천 두장을 한꺼번에 1㎝ 접어 다린다.

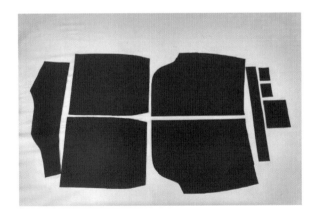

11 샐비지 부분은 올이 풀리지 않기 때문에 동전 주머니 입구 시접으로 샐비지 부분을 사용했을 경우는 입구를 한번만 접어다리고 그렇지 않은 경우는 두번 접어 다려준다.

12 부속 재단 완성

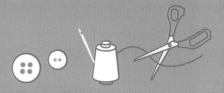

밀림방지 샌드페이퍼 만들기

1) 접착 벨트심지를 준비한다. 적당한 길이를 정해 접착면끼리 마주보도록 반으로 접은 다음 다리미로 다려 붙여준다.

2) 앞판 패턴에서 마이다대 스티치 부분을 오린다. 앞중심 시접은 잘라준다. (다른 종이에 그려 사용하면 더 좋다.)

3) 다려 붙인 접착심지 위에 마이다대 스티치 패턴을 올려 놓고 패턴 모양대로 아래 둥근 부분을 옮겨 그려준다. 그린 선 대로 가위로 오린다.

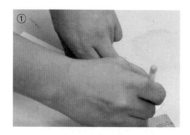  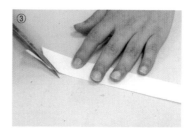

4) 접착 벨트심지의 일직선 부분에서 5㎜ 들어가 선을 그려주고 그 선대로 꺽어 다린다.

 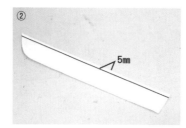 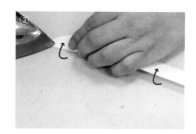

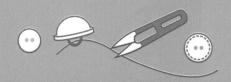

5) 320방 정도의 사포를 준비한다. 사포의 표면이 거칠면 원단을 상하게 할 우려가 있고, 반대로 너무 부드러우면 밀림 방지의 역할을 제대로 할 수 없기 때문에 적당한 입도를 가진 사포를 준비한다. 사포 위에 마이다대 모양의 벨트심지를 놓고 한 바퀴돌며 가장자리를 박아준다.

 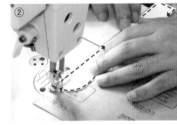 

6) 벨트심지의 일직선 부분 따라 사포의 남는 부분을 자른다. 벨트 심지의 둥근 가장자리를 따라서 그보다 5㎜ 큰 외곽선을 사포에 그려주고 그린 외곽선의 안쪽으로 자른다.

7) 밀림방지 샌드페이퍼가 완성된 모습. 두번째 사진처럼 놓고 샌드페이퍼를 사용할 경우 노루발의 왼쪽발 아래에 샌드페이퍼가 있기 때문에 봉제시 원단이 밀리는 것을 방지할 수 있다. 또한 왼쪽발의 좌측에는 샌드페이퍼 보다 두꺼운 두겹의 벨트심지가 있어 노루발이 움직이는 것을 막아주기 때문에 박음선이 비뚤어지지 않으며 봉제시 실수로 노루발이 샌드페이퍼 위로 올라타 원단과 샌드페이퍼가 같이 박히는 일이 발생하지 않게 된다. 세번째 사진은 지퍼를 달 때 네겹으로 된 벨트심지의 일직선 부분을 이용해 봉제하면 지퍼 이빨과 원단의 높이차를 없애 지퍼 노루발로 변경해야 하는 수고를 덜을 수 있고 원단이 밀리지 않는 효과를 얻을 수 있다.

앞주머니 만들기

1 앞주머니 봉제 준비하기

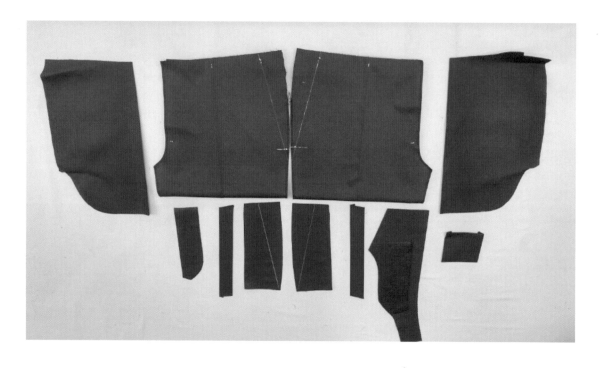

▶ 위의 사진과 같이 바지 앞주머니 봉제에 필요한 부속들을 준비한다.

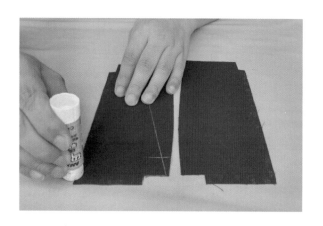

01 손바닥 무가데 시접분에 풀칠을 한다. 반듯하게 접어 다리기 어려운 경우 사진처럼 1㎝ 시접선을 그려주어도 좋다.

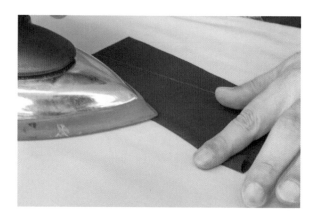

02 풀칠한 시접을 접어 다려준다. 오바로크 처리 안하는 건 주머니 사용시 손톱에 걸려 시간이 지나면 풀어지기 때문이다. 원단이 두껍다면 오바로크 처리 해도 된다.

03 손등무가데 두장을 가지런히 놓고 그 위에 식서방향으로 심지(종이)를 붙인다.

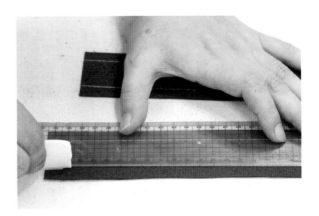

04 손등무가데의 겉면 위, 아래에 1㎝ 시접을 그린다.

05 시접을 그린대로 접어 다린다.

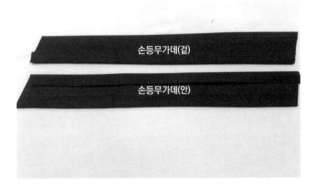

손등무가데(겉)

손등무가데(안)

06 손등무가데의 겉과 안

2 앞 몸판에 안감(시사우라) 붙이기

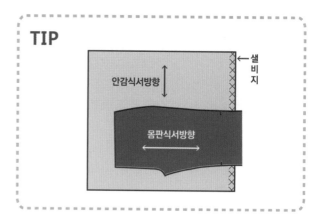

01 바지 안감을 바닥에 놓고 그 위에 바지 앞판을 올린다. 이 때 안감은 몸판의 식서방향과 반대인 푸서 방향으로 놓아야 한다. 바지 안감은 몸판의 허리보다 5㎜, 앞중심 및 안솔기와 바깥솔기보다 2 ~ 3㎜ 크게, 몸판의 무릎선보다 5㎝ 길게 재단한다.

▲ 바지에 안감을 넣는 이유는 첫째로 안감이 있어야 옷을 입고 벗기가 쉽고, 둘째로 겉감의 무릎부분이 늘어나는 것을 막기 위함이다. 안감이 옆으로 늘어나지 않고 겉감을 보호하는 역할을 충실히 할 수 있도록 안감과 몸판의 식서방향을 반대로 놓는 것이다.

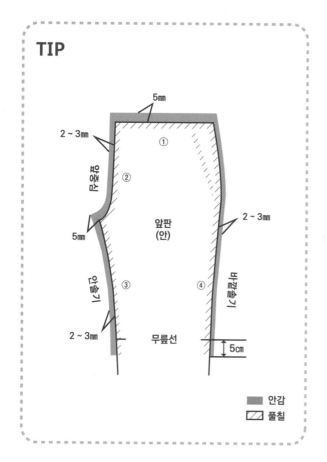

02 재단한 안감에 분무기로 물을 뿌려 수축시키고 다림질로 건조시킨다. 안감은 겉감보다 수축률이 크기 때문에 물을 충분히 뿌려주어 옷을 완성한 후 드라이 크리닝을 했을 때 안감이 줄어드는 일이 없도록 한다.

▲ 안감은 ① 허리 - ② 앞중심 - ③ 안솔기 - ④ 바깥솔기 순으로 붙인다.

03 몸판에 안감을 붙일 때 이세를 넣으며 붙여야 하는데 골 고루 이세를 넣기가 어려울 경우 먼저 사진과 같이 안감 을 여러번 접는다.

04 여러번 접은 안감을 반으로 접어 작게 만든 다음 양손으로 살짝 비틀어주면 안감이 구겨지며 자연스럽게 이세가 들어 가게 된다.

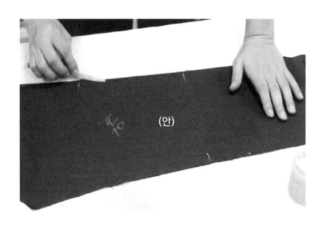

05 앞 몸판의 안감이 달리는 위치에 풀을 발라준다. 풀칠은 시접끝에서 5mm를 넘지 않도록 주의한다. 시접이 1cm 이 기 때문에 풀칠을 넓게 하면 솔기 봉제시 직선으로 봉제 하기가 어려워진다.

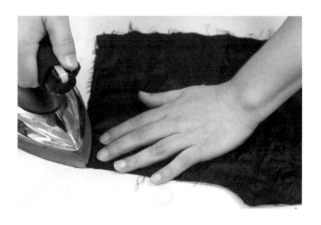

06 안감을 몸판위에 살포시 올려놓고 손으로 이세를 주면서 허리 – 앞중심 – 안솔기 – 바깥솔기 순으로 붙여준다. 길이로는 5mm, 너비로는 3mm 여유분을 주면서 붙여 준다.

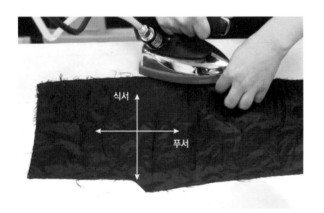

07 바깥솔기 부분 붙여주는 모습. 안감의 결이 틀어지며 붙여 지지 않게 주의한다.

08 뒤집어 겉면이 위로 오도록 하고 안감의 남는 부분을 겉감 의 모양따라 잘라 정리한 후 허리부분을 제외한 나머지 부분(앞중심, 안솔기, 바깥솔기, 밑단)을 오버록 친다.

3 앞주머니 만들기 – 경사주머니

01 오버록친 앞판을 반으로 접어 기장 끝부터 무릎포인트 (사진의 실표)까지 앞중심선을 다린다.

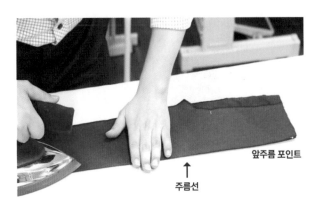

02 이어서 무릎부터 허리의 앞주름 포인트까지 접어 다린다.

03 반으로 접어 다렸을 때 붙여진 안감이 편하게 놓이는지, 안에서 당기거나 너무 많이 이세가 들어가지는 않았는지 확인한다.

04 주머니속을 붙이기 전에 주머니속이 달릴 윗부분을 다려 준다.

05 주머니속이 달릴 위치에 풀칠을 한다.

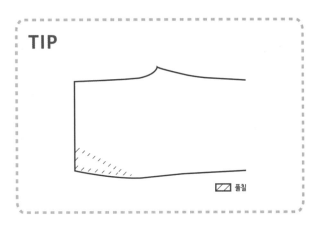

TIP

풀칠

▲ 05번 상세 그림

TIP

주머니속(넓은쪽)

좁은쪽

좁은쪽

부착면

넓은쪽

부착면

06 반으로 접어다렸던 앞주머니속의 좁은쪽을 몸판안감의 풀칠한 위치에 붙여 다린다.

▲ 위 그림의 오른쪽에 있는 앞주머니속이 6번에서 붙인 앞 주머니속 이다.

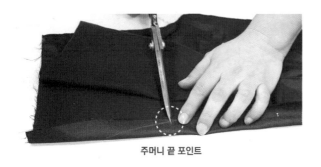

주머니 끝 포인트

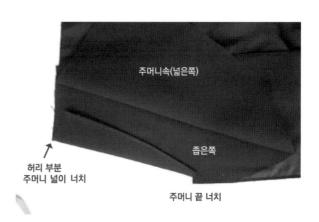

주머니속(넓은쪽)

좁은쪽

허리 부분 주머니 넓이 너치

주머니 끝 너치

07 몸판의 주머니 포인트에 9mm 너치(1cm 시접보다 반드시 작게)를 준다.

08 주머니 완성선대로 꺽어 다린다.

손바닥 무가데 (안)

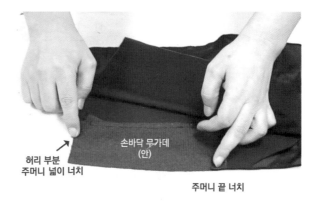

손바닥 무가데 (안)

허리 부분 주머니 넓이 너치

주머니 끝 너치

09 접어다렸던 손바닥 무가데의 시접에 풀칠을 한다. 많은 양을 바르기 보다는 살짝 붙을 정도로만 바른다. 너무 많이 바르게 되면 주머니속 겉으로 풀이 배어 나올 수 있기 때문이다.

10 몸판과 손바닥 무가데의 허리부분 주머니 시작 너치와 주머니 끝 너치를 잘 맞추어 올려놓는다.

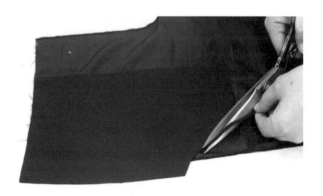

11 젖혀두었던 앞주머니속의 넓은쪽을 그대로 덮고 다리미로 다려붙인다.

12 반으로 접힌 주머니속의 위아래 두겹의 아랫부분 모양이 같도록 모양을 다듬어 준다.

13 주머니속을 다리미로 붙인 모습

14 꺾어다렸던 앞주머니 부분을 다시 편다. 주머니속은 같이 박히지 않게 반대쪽으로 젖혀놓는다.

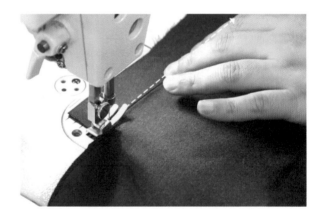

15 손등무가데가 주머니 끝 너치에서 1.5㎝ 정도 내려가도록 위치시킨다.

16 손등무가데 끝스티치를 한다.

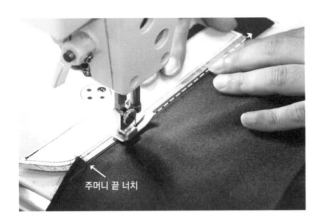

17 샌드페이퍼를 대고 박으면 원단이 밀리거나 스티치가 주
머니 완성선 쪽으로 넘어가지 않고 반듯하게 박을 수 있다.

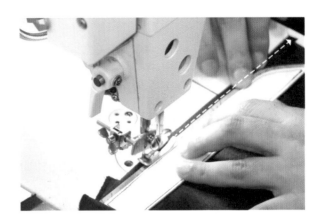

18 끝스티치한 손등무가데를 뒤로 젖히고 앞주머니를 접었던
선 그대로 다시 접는다. 날개조기를 달고 5mm 폭으로 스티
치 한다.

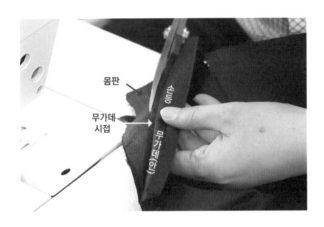

19 손등무가데의 안쪽이 보이도록 젖히고 손등무가데 시접
밑의 몸판을 잘라낸다. 시접이 두꺼워 투박해지지 않도록
몸판을 무가데 시접보다 2mm 정도 더 넓게 계단식으로 자
른다.

▲ 19번 상세 그림

20 손등무가데를 들뜨지 않게 주머니속에 고정해야 한다.

21 다른손으로 주머니속을 바짝 옆으로 당겨주면서 샌드페
이퍼를 대고 끝스티치 한다.

끝스티치

동전 주머니
(안)

22 동전주머니를 사방 1㎝ 폭으로 접어 다린다. 원단 샐비지
를 주머니 입구 시접으로 이용했을 경우는 올이 풀리지
않으므로 한번만 접어 다린다.

23 샐비지를 이용하지 않은 경우 두번 접어 다린다. 입구는
끝스티치로 고정한다.

24 오른손잡이는 오른쪽에, 왼손잡이는 왼쪽 주머니속에 동
전주머니를 달아준다. 손이 들어가는 방향에 맞춰 동전
주머니의 방향을 살짝 돌린다.

25 동전주머니 입구에 2~3㎜ 정도 여유를 주면서 박는다.
너무 가장자리에 끝스티치를 하면 주머니 사용시 미어질
수 있으므로 끝에서 살짝 들어와 끝스티치 한다.

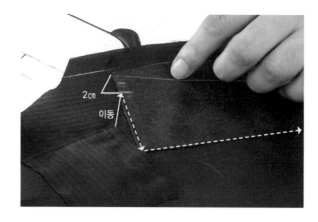

2cm
이동

2cm

26 동전주머니 끝에서 되박음질을 하고 실을 끊지 않은 상태
에서 경사무가데 쪽으로 이동하여 경사무가데를 끝스티치
로 고정해준다. 이 때, 경사무가데 끝에서 2㎝는 띄우고
박아야 한다.

27 반드시 경사무가데 끝에서 2㎝를 띄우고 박아야 추후 바
깥솔기 작업이 가능해진다.

28 주머니속의 겉과 겉이 마주보도록 반으로 접는다.

29 주머니 둘레를 5mm 폭으로 박는다(통솔작업).
날개조기 가이드를 5mm 폭으로 맞추고 가이드를 따라 박아주면 일정한 폭으로 박음질이 가능하다.

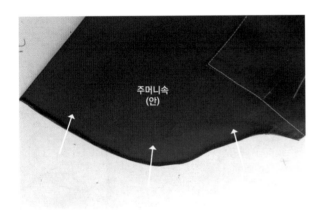

30 뒤집어 다시 5mm 폭으로 박아줄 것이기 때문에 시접을 3mm만 남기고 다듬는다. 뒤집어서 다림질하기 쉽도록 봉제선을 따라 시접을 꺾어 다려준다.

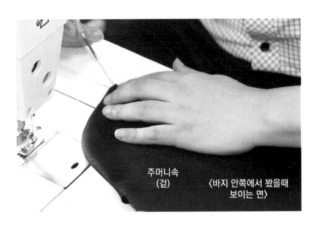

31 꺾어다린 시접이 안으로 들어가도록 다시 뒤집고 주머니 모양을 잘 다듬어 준다. 모서리 부분은 송곳을 이용해 각지게 모양을 잡는다.

32 주머니속의 가장자리를 봤을 때 바지 안쪽에서 보이는 면이 보이지 않는 면 쪽으로 살짝 넘어온 상태로 놓고 주머니속 둘레를 5mm 폭으로 박는다.

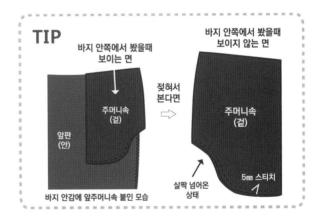

▲ 반으로 접힌 앞주머니속의 보이는 면이, 보이지 않는 쪽으로 살짝 넘어가 다려져야 겉에서 보기 깔끔하게 된다.

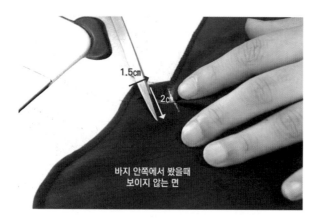

1.5cm
2cm
바지 안쪽에서 봤을때
보이지 않는 면

33 주머니속의 끝에서 1.5㎝ 올라가 바지 안쪽에서 봤을때
보이지 않는 면 한겹만 2㎝ 가위 너치를 준다.

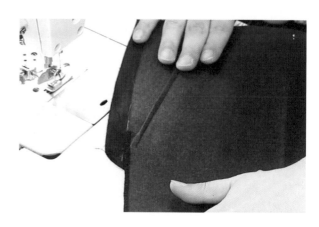

34 경사주머니가 각각의 너치 포인트(허리, 주머니끝)에 잘
맞게 봉제되었는지, 겉에서 볼때 이세 들어간 곳이 없이
편히 봉제되었는지 확인한다.

같이 박히지 않도록
반대쪽으로 젖혀 버린다.

35 앞 몸판과 손바닥 무가데를 고정해야 한다. 몸판의 주머니
끝 너치와 손바닥 무가데의 끝 너치를 잘 맞추어 잡고
주머니속은 같이 박히지 않도록 반대쪽으로 젖혀 버린다.

36 경사주머니 끝에서 9㎜ 안쪽으로 들어가 손바닥 무가데와
몸판을 함께 고정한다.

TIP

앞

고정한다

▲ 36번 상세 그림

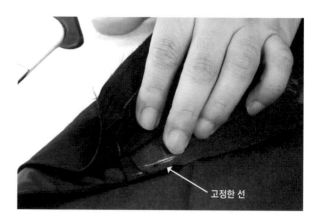

고정한 선

37 안쪽에서 본 모습. 추후 앞·뒤 연결시 사진의 고정선보다
더 안쪽으로 봉제하여 주머니 끝이 미어지지 않도록 한다.

38 젖혀두었던 앞주머니속을 다시 편안한 상태로 놓는다. 손바닥 무가데의 주머니 넓이 너치와 앞 몸판 허리를 맞추고 앞 주머니속까지 함께 고정해준다.

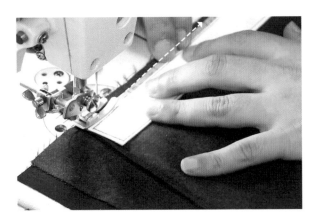

39 밀리지 않게 샌드페이퍼를 대고 3㎜ 폭으로 끝까지 박는다.

40 반대쪽 경사주머니 시작(14번 ~ 39번까지의 과정 반복). 마찬가지로 경사선대로 섭어 다렸던 부분을 다시 펴고 손등무가데를 위에서 아래로 박아 내려간다.

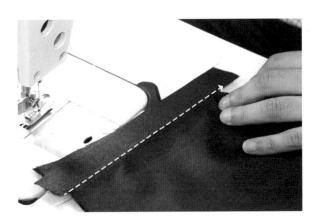

41 밀리지 않게 샌드페이퍼를 대고 박아준다.

42 주머니 끝 너치에서 아래로 1.5㎝만 남기고 손등무가데의 남은 부분은 잘라준다.

43 손등무가데 뒤로 젖히고 앞주머니 경사선대로 다시 접어 5㎜ 폭으로 스티치 한다.

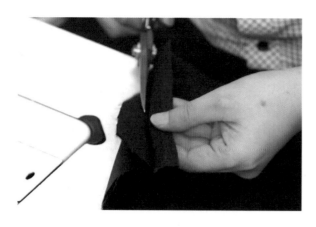

44 손등무가데 시접 밑의 몸판을 자른다. 손등무가데의 시접 보다 조금 넓게 계단식으로 자른다.

45 손등무가데를 주머니속에 고정한다.

2cm

주머니속
(안)

46 반대쪽 주머니속에 손바닥 무가데를 박을 때 2cm 전방에 서 되박음질을 하면 주머니 겉에서 볼때 지저분하게 보이 므로 되박음질을 하지 않고 2cm 부분을 제외하고 끝까지 쭉 이어 박는다.

47 주머니속의 겉과 겉이 마주보도록 반으로 접고 주머니 둘 레를 5mm 폭으로 박는다. 시접은 2 ~ 3mm만 남기고 자른다.

주머니속
(겉)

48 다시 주머니속의 안과 안이 마주보도록 뒤집고 5mm 폭으로 스티치 한다.

49 주머니속이 같이 박히지 않도록 젖히고 손바닥 무가데와 몸판 옆선을 함께 고정한다.

50 무가데 주머니 넓이 너치와 몸판 허리를 맞춘 후 밀리지
않게 샌드 페이퍼를 대고 주머니속까지 함께 박아 고정한
다. 허리 위로 남아있는 주머니속은 앞판 모양에 맞춰 자른
다.

51 몸판을 젖혀 올리고 손등무가데가 달린 주머니속 한 겹만
끝에서 1.5㎝ 올라가 2㎝ 정도 길이의 가위 너치를 준다.

4 앞주머니 만들기 – 파이핑 주머니

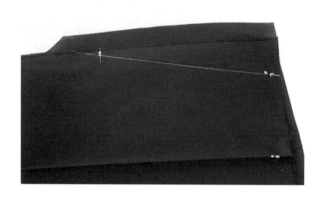

01 파이핑 주머니의 경우 주머니 경사선대로 접어 다리는 과정
(경사주머니 만들기 7~8번)을 하지 않는다. 그 외 1번부터
13번까지의 과정은 경사주머니와 동일하다.

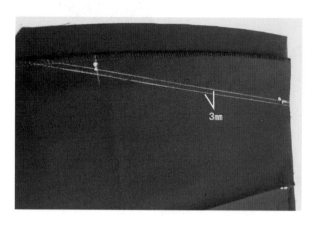

02 주머니 완성선에서 3㎜ 중심쪽으로 들어와 선을 그린다.

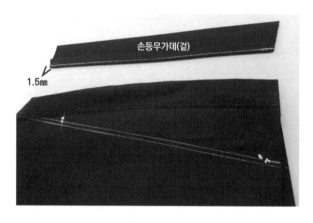

03 손등무가데의 한쪽 겉에 1.5㎜ 선을 그린다.

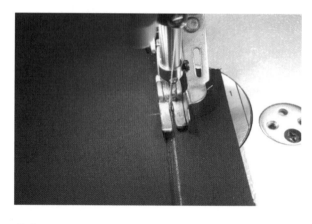

04 3㎜ 들어와 그려준 선에 손등무가데 끝을 맞추고 손등무
가데에 그려진 1.5㎜ 선 그대로 상침해 준다.

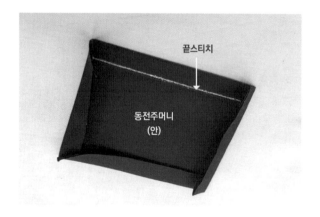

05 동전주머니 입구는 두번 접어 끝스티치 하고 나머지 주머
니속에 달릴 부분은 1㎝ 시접으로 접어 다린다.

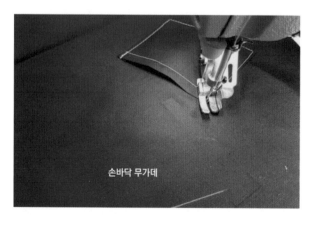

06 동전주머니는 사용하기 편한 쪽에 단다. 동전주머니 끝에서
되돌아박기 한 다음 실을 끊지 않고 무가데쪽으로 이동한다.

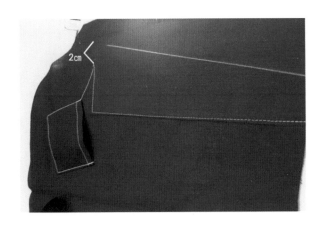

07 손바닥 무가데 끝에서 2㎝ 띄우고 손바닥 무가데 끝스티치 한다.

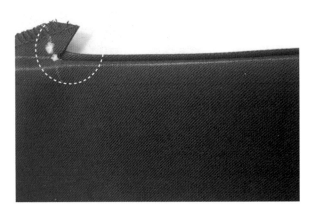

08 손등무가데를 박은 후 주머니 끝은 반드시 대각선으로 가위 너치를 준다.

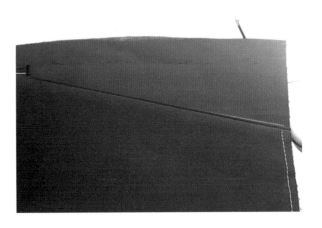

09 가위 너치를 주고 그대로 손등무가데를 뒤로 넘겨 접어 다려준다. 스티치 없는 1.5㎜ 파이핑 주머니

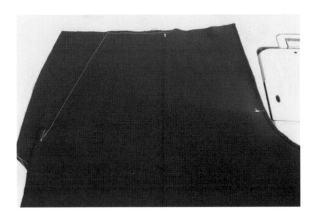

10 끝스티치를 한 1.5㎜ 파이핑 주머니

11 안에서 본 모습

마이다대 달기

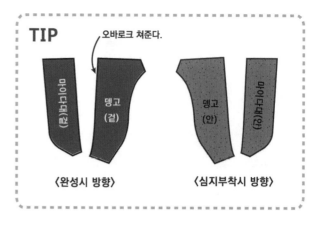

TIP

오바로크 쳐준다.

마이다대(겉) 뎅고(겉) 뎅고(안) 마이다대(안)

〈완성시 방향〉 〈심지부착시 방향〉

01 마이다대와 뎅고에 접착심지를 붙이고 뎅고 앞쪽(지퍼 달리는 곳)에만 오버록을 친다.

▲ 〈심지부착시 방향〉대로 놓고 그 위에 심지를 붙인다.

02 마이다대의 겉면 둥근 가장자리에 해리감의 안쪽면이 위를 향하도록 올려놓고 5㎜ 폭으로 박는다.

03 해리감의 겉면이 나오도록 뒤집으며 마이다대의 뒤쪽으로 넘겨 가장자리를 감싸준 후 숨은 스티치를 한다.

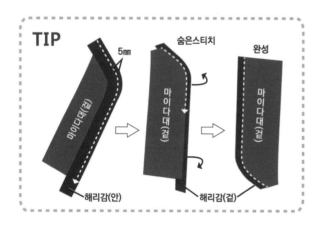

TIP

5㎜ 숨은스티치 완성

마이다대(겉) 마이다대(겉) 마이다대(겉)

해리감(안) 해리감(겉)

▲ 마이다대 해리치기

04 왼쪽 앞판의 앞중심에 마이다대 포인트를 초크로 표시한다.

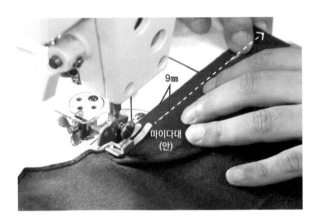

05 왼쪽 앞중심에 마이다대를 올려놓는다. 앞판과 마이다대가 겉끼리 마주보는 상태에서 허리부분부터 길이를 맞춰 올려 놓는다. 앞중심의 끝 포인트 표시를 보고 그 위치 그대로 마이다대의 안쪽에도 지퍼 끝포인트를 표시한다.

06 아래에 놓인 앞판을 살짝 당겨주면서 표시해 둔 지퍼 끝 포인트에서부터 마이다대를 9㎜ 시접으로 박는다.

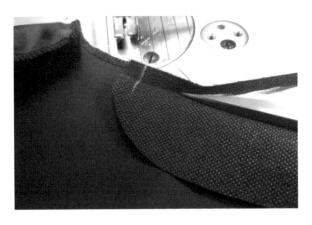

07 마이다대의 겉이 나오도록 젖힌 후 끝포인트에서부터 끝 스티치한다.

08 마이다대 시접을 2㎜만 남기고 잘라준다. 시접이 두꺼워 지지 않도록 계단식으로 정리하는 것이다.

09 마이다대에 친 해리부분을 살짝 늘려 다려준다.

10 앞판 안쪽이 보이게 뒤집고 마이다대를 꺾어 다려준다. 이 때, 몸판이 마이다대 쪽으로 1㎜ 정도 넘어와 살짝 보이도록 다린다(앞판 겉에서 보았을 땐 마이다대가 보이지 않아야 한다).

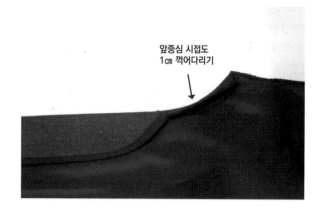

11 마이다대를 지나 앞중심 시접도 1cm 폭으로 꺽어 다린다.
(마이다대 시접 9mm와 1mm 넘어오게 다린것을 합하면 전
체 시접폭은 1cm가 된다)

12 왼쪽 앞판 지퍼 끝 포인트를 초크로 다시 표시한다.

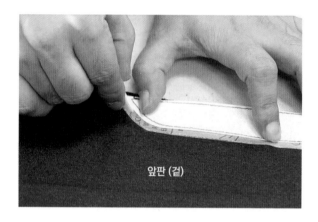

13 마이다대 패턴이나 마이다대 모양으로 만든 샌드페이퍼의
끝을 초크로 표시한 선에 맞춰 올려 놓고 스티치선을 그린
다. 스티치선의 넓이는 보통 3.5cm 정도이다.

LESSON 03
뒷주머니 만들기

1 쌍입술 주머니 만들기

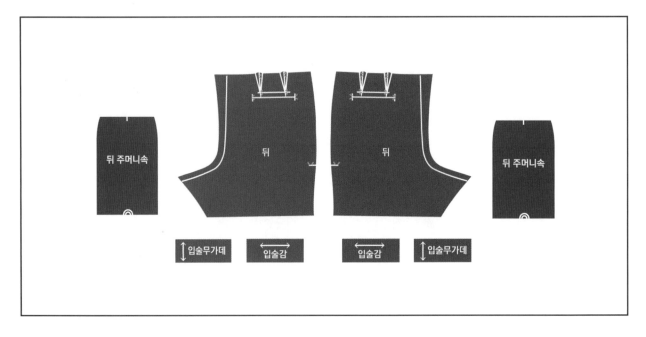

▶ 위의 그림과 같이 바지 뒷주머니 봉제에 필요한 부속들을 준비한다.

01 뒷주머니 입술감에 심지를 붙인다. 입술감과 심지 모두 사진과 동일한 식서 방향으로 붙인다.

02 입술감의 가로길이는 주머니길이 13 ~ 14cm에 양쪽 여유 시접 2cm씩 총 4cm를 더해 18cm 정도이며, 세로길이는 약 8cm이다(정해져 있는 크기는 아니며 일반적 크기).

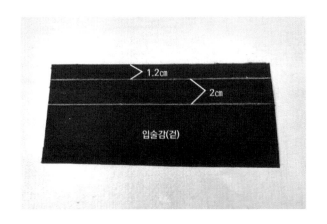

03 입술감의 겉면에 1.2㎝, 2㎝ 간격으로 선을 그린다.

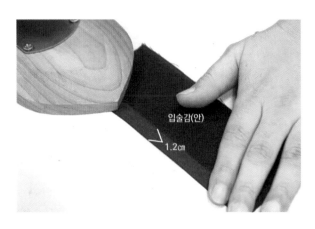

04 입술감의 안쪽면이 위로 향하게 놓고 1.2㎝ 폭으로 그린 선대로 접어 다린다.

05 2㎝ 폭으로 그린 선대로 또 한번 접어 다린다.

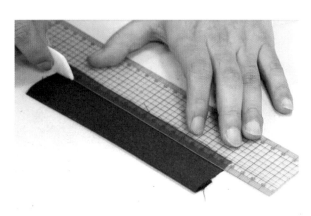

06 입술감의 아랫부분은 오버록을 쳐도 되지만 작업의 완성 도를 높이기 위해 겉면에 1㎝ 폭의 선을 그린다.

07 1㎝ 그린 선대로 접어 다린다.

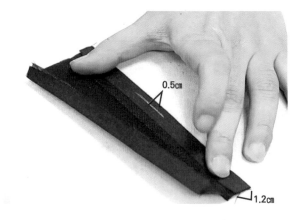

08 처음 1.2㎝ 폭으로 접은 부분의 상단 0.5㎝ 폭이 윗 입술 이 되는것이고,

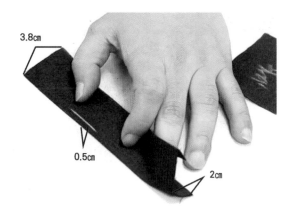

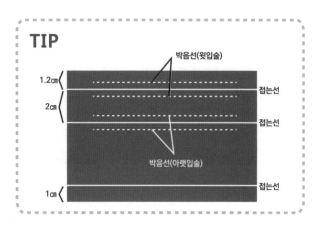

09 2cm 폭으로 접은 부분의 하단 0.5cm 폭이 아랫입술이 되는 것이다.

▲ 입술감의 이해

10 입술무가데의 경우 신축성이 큰 원단을 제외하고는 가급적이면 심지를 붙이지 않는 것이 좋다. 한쪽 시접 1cm 에 풀칠을 한다.

11 풀칠한 시접을 접어 다린다. 입술무가데의 크기는 가로 18cm, 세로 7cm 이다.

12 허리를 제외한 모든 부분(뒷중심, 안솔기,바깥솔기, 밑단)에 오버록을 친다. 실밥을 정리하고 오버록 친것을 다려준다.

13 다트 중심선을 접어 다린다.

14 허리의 너치와 다트끝 실표를 연결하며 가늘게 다트선을 다시 그려준다.

15 그려준 선대로 다트를 봉제한다. 위에서부터 아래로 박아 내려가면 다트끝을 날카롭게 봉제할 수 있다. 다트끝에서 되박음질 하지 않고 다트 끝을 지나 원단이 없는 상태에서 몇 땀 더 박아주고 실을 끊는다.

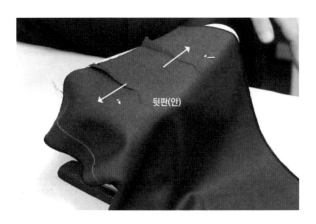

16 다트 시접은 중심을 기준으로 서로 반대쪽으로 밀어 다려 준다. 뒷중심을 향하게 다리는 것이 일반적이나 다트가 두개일 경우 서로 반대쪽으로 밀어 다리면 좌우대칭이 되어 보기가 좋다.

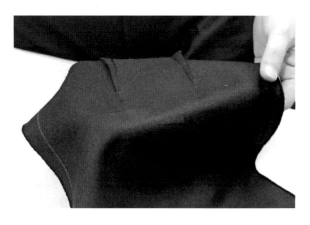

17 원단이 미어지는 것을 방지하기 위해 주머니 입구를 중심으로 세로 2㎝, 가로는 주머니 끝보다 1㎝씩 크게 심지를 붙인다. 주머니 아래 단추구멍 위치에도 붙여준다.

18 작업의 편의를 위해 사진처럼 여러번 접는다.

19 주머니 입구 실표를 연결하여 주머니 입구선을 그린다.

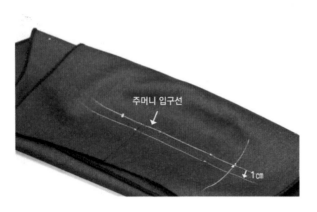

20 주머니 입구선에서 1㎝ 올라가 기준선을 그린다.

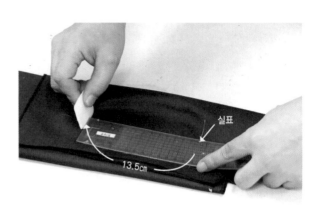

21 바깥솔기쪽에 위치한 실표를 시작점으로 하여 13.5㎝의 주머니 사이즈를 표시한다. 주머니 시작과 끝 선은 길게 그려주는 것이 작업하기 편하다.

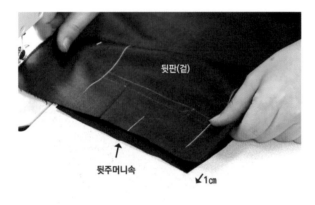

22 뒷주머니속을 뒷판 아래에 놓는다. 주머니속의 중심과 뒷판에 그린 입술의 중심을 잘 맞추어 어느 한쪽으로 치우쳐 달리는 일이 없도록 한다. 주머니속을 뒷판 허리보다 1㎝ 정도 위로 올린다.

TIP

▲ 윗입술 박기

23 1㎝ 올려 그린 기준선에 1.2㎝ 폭으로 접은 윗입술 가장 자리를 맞춰 올려 놓는다. 날개 조기 가이드를 5㎜ 폭으로 박을 수 있게 조절하고 가이드를 1.2㎝ 접은 끝부분에 오도록 하여 주머니 시작점부터 끝지점까지 박는다.

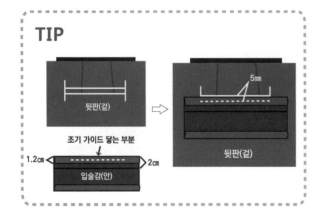

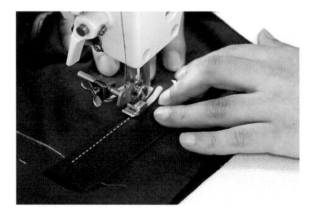

24 펼쳐져 있던 입술감의 아랫 부분을 덮는다. 조기가이드를 하단 끝에 오게 하고 5㎜로 주머니 끝지점부터 시작점까지 정확하게 박는다.

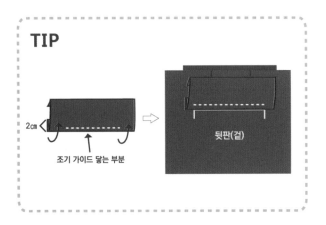

TIP

2cm

조기 가이드 닿는 부분

뒷판(겉)

▲ 아랫입술 박기

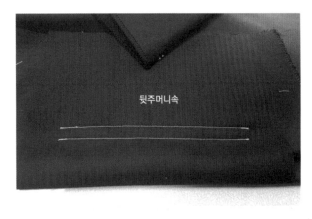

뒷주머니속

25 위, 아래 입술감 시작과 끝길이가 같도록 정확하게 박되 되박음질을 많이 하지 않는다. 되박음질을 여러번 하여 박음선이 두꺼워지면 입술감을 절개 할 때 삼각 으로 가위 너치 주기가 어렵다.

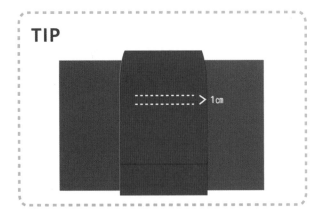

TIP

1cm

▲ 위, 아래 박음선의 간격이 1cm가 넘으면 입술 주머니가 벌어 지고 1cm 보다 작으면 위, 아래 입술이 겹쳐지게 된다. 시작점부 터 끝점까지 1cm 간격을 정확히 유지하며 박는다.

26 뒷판 겉에서 입술감 한겹만 1cm 간격으로 박힌 두줄선의 중간으로 잘라준다.

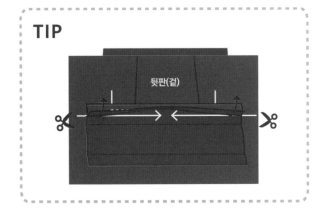

TIP

뒷판(겉)

▲ 한번에 자르지 않고 반반씩 방향을 바꿔 잘라주는 것이 실수 를 줄일 수 있고 작업하기도 편하다. 윗입술 시접은 같이 자르지 않도록 젖히며 자른다.

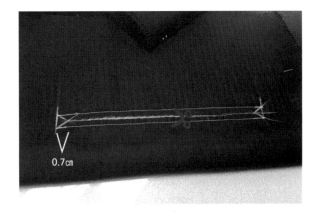

0.7cm

27 뒤집어 주머니속이 보이도록 놓고 사진처럼 위, 아래 박음 선의 중앙을 절개한다(바지몸판과 주머니속 함께).

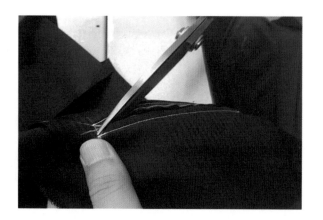

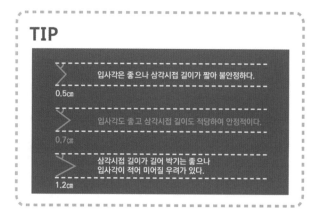

28 끝에서 0.7㎝ 정도 떨어진 지점부터는 사진과 같이 Y자로 절개를 한다. 끝점을 넘어 절개를 하면 주머니가 미어져 벌어지고 그보다 짧게 절개를 하면 원단이 찝히거나 입술이 겹칠 수 있으니 정확히 절개하도록 한다.

▲ 입사각의 차이

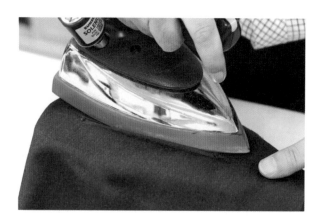

29 한꺼번에 위, 아래 입술을 모두 뒤집지 않고 아랫입술부터 뒤집어 다려준다.

30 윗입술 뒤집고 다려준다.

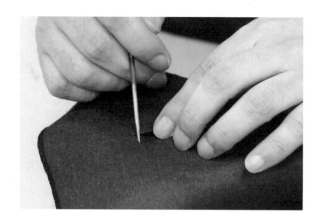

31 송곳으로 삼각시접을 안으로 밀어넣는다.

32 뒷 몸판을 젖히고 입술감을 일자로 정리한 후 삼각시접 부분을 다리미로 살짝 눌러 다려준다.

33 반대쪽도 삼각시접을 안으로 밀어 넣고 몸판을 젖힌 상태에서 삼각시접을 눌러 다린다.

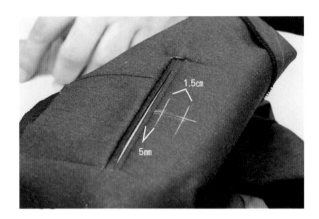

34 주머니 중앙 아랫입술 끝에서 5㎜ 정도 내려온 위치에 1.5㎝ 길이의 단추구멍선을 그린다. 주머니에서 최대한 바짝 붙여 단추구멍을 만들어야 한다. 단추구멍이 아랫입술 끝에서 멀리 떨어져 있을 경우 입술이 벌어지게 된다.

35 위, 아래 입술감이 겹치거나 틈이 벌어지지 않게 입술감을 일자로 가지런히 하여 손으로 누른 상태에서 삼각시접을 박아 고정한다.

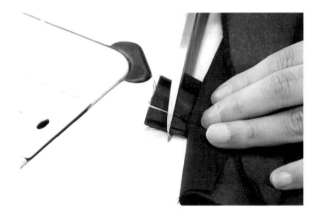

36 입술감 시접을 1㎝만 남기고 자른다.

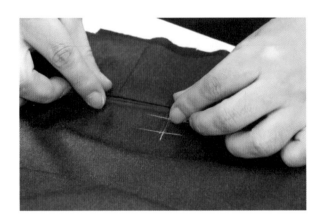

37 반대편 삼각시접을 박기 전에 입술감이 벌어지지 않게 가지런히 매만지고 한쪽 손으로 눌러 잡은 상태에서

38 몸판을 젖히고 위, 아래 입술을 일자가 되도록 당겨준 후 시접을 박는다. 마찬가지로 시접길이를 1㎝만 남기고 자른다.

39 그려준 단추구멍선을 중심으로 양쪽에서 1mm 간격으로 떨어져 '11'자로 봉제한다.

40 아랫입술감의 넓은 시접이 덜렁거리지 않도록 시접의 끝을 주머니속에 박아 고정한다. 완성후 주머니속을 겉에서 보았을 때 되박음선이 보여 지저분하지 않도록 주머니속 끝에서부터 시작하여 반대쪽 끝까지 박는다.

41 뒷주머니속을 반으로 접었을 때 반대쪽 주머니속과 윗 입술 시접 끝이 만나는 지점을 반대쪽 주머니속에 초크로 표시한다.

42 초크로 표시한 선에서 1cm 올라가 일직선을 그린다.

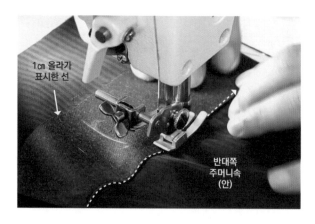

43 1cm 올라가 그린선에 맞추어 뒤주머니 무가데를 주머니속 중앙에 올려놓는다. 뒤주머니 무가데 끝을 끝스티치로 봉제한다. 주머니속 끝에서 시작하여 반대쪽 끝까지 박는다.

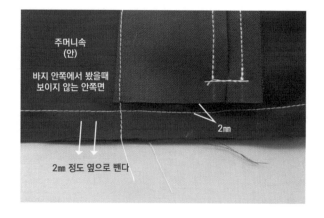

44 주머니속의 겉과겉이 마주보도록 뒤집어 반으로 접는다. 입술감 시접에서 2mm 떨어져서 주머니속 옆선을 박는데 사진에 보이는 것처럼 입술이 달린 주머니속을 2mm 정도 옆으로 빼서 박아준다(무가데가 달린 쪽에 여유를 주는것).

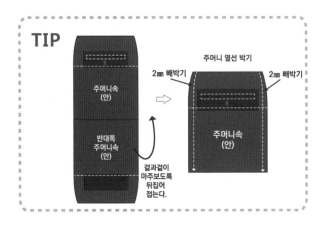

▲ 43, 44번 상세 그림

45 주머니 모양따라 옆선을 박아준 후 시접을 3㎜만 남기고 자른다.

46 반대쪽 주머니속 옆선도 마찬가지로 입술이 달린 주머니 속을 2㎜ 정도 옆으로 빼며 박아준 후 시접을 3㎜만 남기 고 잘라 정리한다.

47 뒤집어 다리기 쉽도록 주머니속 시접을 꺾어 다린다.

48 무가데와 입술이 안으로 들어가도록 주머니속을 뒤집는다. 무가데가 안에서 접히지 않도록 잘 펴주고 송곳을 이용해 모서리 모양을 잡아준다.

49 뒷판의 겉이 보이게 놓은 상태에서 뒷판을 젖히고 주머니 속의 둘레를 5㎜ 폭으로 박는다.

50 주머니속 둘레를 따라 박아준다.

51 입술이 달린 쪽을 2㎜ 정도 바깥쪽으로 빼면서 봉제하여 무가데가 달린쪽에 여유를 주었기 때문에 둘레를 박아준 후에 주머니속이 당기지 않고 편안히 놓이게 된다.

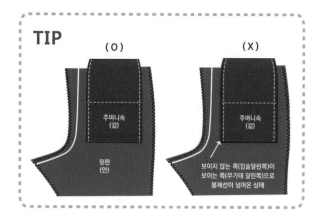

▲ 주머니속 옆선 통솔봉제를 마친 모습. 왼쪽의 주머니속은 옆선을 박을 때 2㎜ 정도 옆으로 뺀 상태에서 박아 겉에서 보이는 쪽에 여유가 들어갔지만 오른쪽의 주머니속은 반대로 겉에서 보이지 않는 쪽에 여유가 들어간 상태이다.

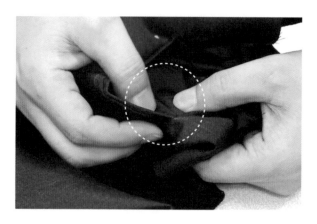

52 입술 주머니 안쪽을 들여다 보았을 때 입술감과 무가데가 같은 위치에 맞물려 박아 있어야 한다. 주머니 옆선을 통솔박음할 때 1㎝ 남기고 자른 입술감 시접에서 2㎜ 정도 떨어져 박았기 때문에 통솔 시접이 덜 투박하게 된다.

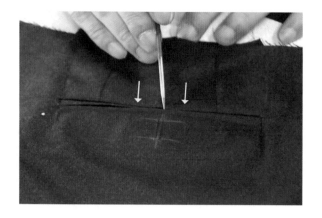

53 입술을 주머니속에 고정하기 전에 윗입술을 아랫입술 밑으로 3 ~ 5㎜ 정도 내려 휘어지게 만든다.

54 휘어진 윗입술이 움직이지 않도록 한손으로 누르고 다른 한손으로 몸판을 젖힌다.

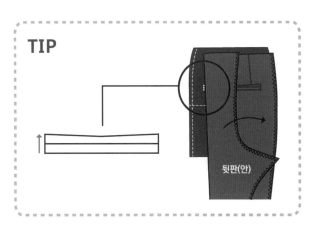

55 몸판을 젖힌 후 아랫입술 끝에서부터 윗입술 끝까지 고정한 다음 실을 끊지 않고 바늘이 원단에 박혀 있는 상태에서 노루발 들고 몸판을 돌린다.

▲ 55번 상세 그림

56 노루발을 들고 몸판을 돌려 윗입술 위를 스티치하기 전에 윗입술을 아랫입술 위로 2㎜ 정도 겹쳐지게 한다. 이 과정을 생략하고 봉제를 하게 되면 주머니 입술이 벌어지게 된다.

57 입술이 겹쳐진 상태를 유지하면서 윗입술 위를 스티치 한다.

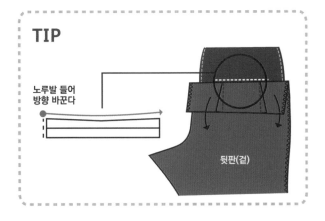

▲ 57번 상세 그림

58 마찬가지로 실을 끊지 않고 노루발을 들고 몸판 방향을 돌려 반대쪽 아랫입술 끝까지 봉제한다.

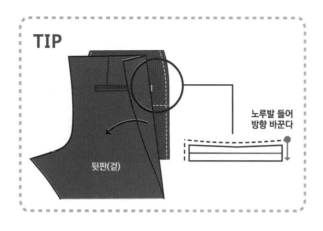

TIP

뒷판(겉)

노루발 들어
방향 바꾼다

▲ 58번 상세 그림

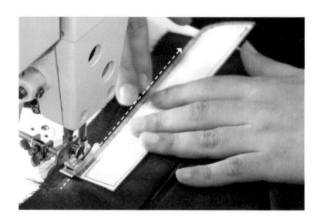

59 뒷판 허리 부분과 주머니속을 당기거나 남지않게 편안히
놓고 주머니속과 허리시접을 함께 박아 고정한다.

60 몸판 허리위로 남아있는 주머니속을 허리시접 모양대로
잘라 정리한다.

61 완성된 쌍입술 주머니

2 외입술 주머니 만들기

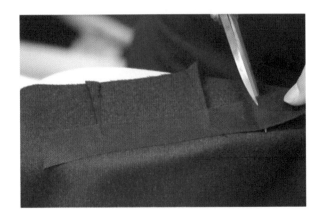

01 뒷판 다트를 중심을 기준으로 서로 반대방향을 바라보도록 다린 후 주머니 입구 실표와 단추구멍 위치에 심지를 붙인다.

02 실표와 실표를 이어 선을 그려준다.

TIP

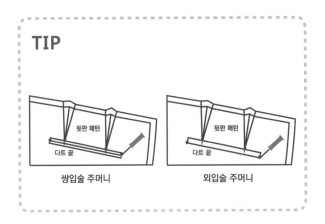

쌍입술 주머니   외입술 주머니

▲ 쌍입술 주머니는 위아랫 입술의 중간에, 외입술 주머니는 아래에 표시 후 실표를 한다.

03 바깥솔기쪽 실표를 시작점으로 하여 13.5㎝ 길이로 주머니선을 그려준다음 1㎝ 올라가 주머니 입구선을 하나 더 그려준다.

주머니선

1㎝

04 주머니선에서 1㎝ 아래로 봉제 기준선을 그린다

TIP

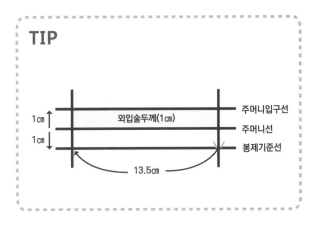

1㎝   외입술두께(1㎝)   주머니입구선
                  주머니선
1㎝   봉제기준선
         13.5㎝

▲ 외입술 주머니의 이해

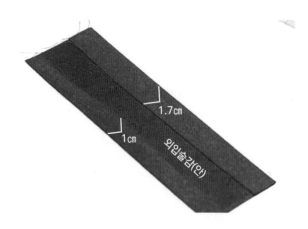

05 심지를 붙인 외입술감 겉면에 1.7㎝ 폭의 선을 그리고 접어 다린다(1㎝ 폭의 외입술, 7㎜의 여유)

06 반대쪽 끝 겉면에 1㎝ 폭의 선을 그리고 접어다린다(오버록을치지 않고 더 깔끔히 작업하기 위한 것이다).

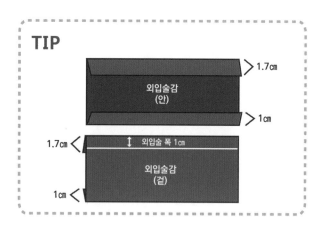

07 그대로 겉면이 나오게 뒤집어 1.7㎝ 폭으로 접은 쪽에서 1㎝(외입술 폭) 들어가 선을 그린다.

▲ 06, 07번 상세 그림

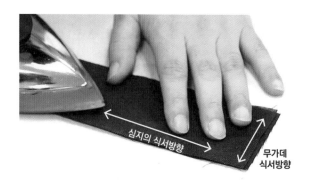

08 외입술 무가데에 심지를 붙인다. 외입술 무가데의 세로폭은 6㎝ 정도이다.

09 외입술무가데의 겉면에 1㎝ 폭으로 선을 그리고 접어 다린다.

10 무가데를 쉽게 봉제하기 위하여 반대쪽 끝 안쪽면에 1cm 선을 그린다.

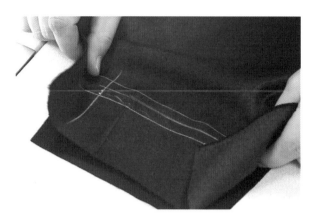

11 주머니속 위에 뒷판을 올려 놓는다. 쌍입술 주머니와 마찬 가지로 주머니속은 뒷판 허리보다 1cm 정도 위로 올린다. 주머니속의 중심과 외입술 주머니의 중심을 잘 맞추어야 한다.

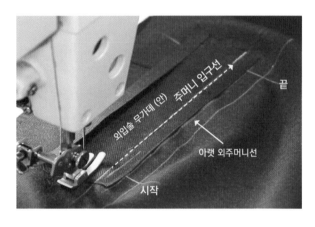

12 주머니 아랫선에 무가데 끝을 맞추어 올려놓고 무가데 안 쪽면에 그려진 1cm 선을 따라 주머니 시작점부터 끝까지 정확하게 박아준다.

13 외입술감을 박기전에 무가데 시접이 방해가 되지 않게 무 가데 시접을 3mm만 자른다.

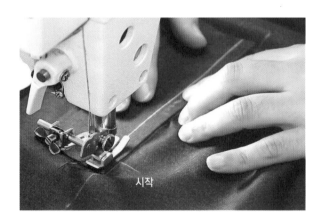

14 봉제기준선에 외입술감의 접혀진 끝을 맞추고 외입술감 겉면에 그린 1cm 폭의 선을 따라 봉제한다.

15 외입술감과 무가데 시접을 젖히고 1cm 간격으로 박은 선 의 중간을 절개한다.

16 양끝은 0.7㎝ 전방에서 ' Y '자 절개를 한다.

17 외입술을 뒤집는다. 외입술감과 무가데를 한꺼번에 뒤집지 말고 하나씩 뒤집으며 외입술 모양이 잘 나오도록 정리한다. 삼각시접은 송곳을 이용해 안으로 밀어 넣는다.

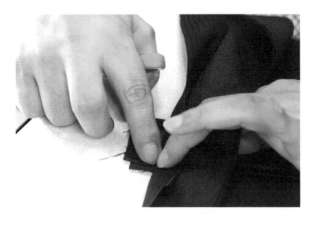

18 외입술모양을 잘 다듬어 손으로 눌러준 상태에서 몸판을 젖힌다.

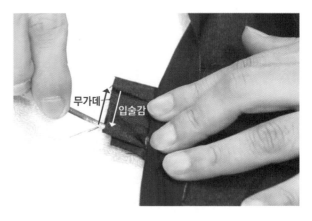

19 외입술주머니가 벌어지지 않도록 송곳을 이용해 외입술감은 위로 바짝 당겨 올리고 무가데는 아래로 당겨준다.

20 삼각시접을 고정할때는 외입술시접 뿐만 아니라 밑에 놓인 외입술무가데까지 같이 박아주어야 한다. 봉제 후 시접은 1㎝만 남기고 자른다.

21 반대쪽 외입술감은 위로 당기고 외입술 무가데는 아래로 당긴 다음 외입술감과 무가데를 함께 잡고 옆으로 당겨준다.

22 마찬가지로 삼각시접과 외입술감, 무가데를 함께 박아 고정 한 후 1㎝만 남기고 자른다 .

23 철망에 올려놓고 외입술주머니를 다린다.

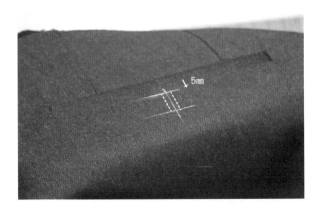

5mm

24 다림질 후 외입술의 끝에서 5㎜ 정도 내려와 1.5㎝ 길이의 단추구멍선을 그린다. 단추구멍 세로선을 중심으로 하여 양옆으로 1㎜씩 떨어져 '11'자 모양으로 박음질한다.

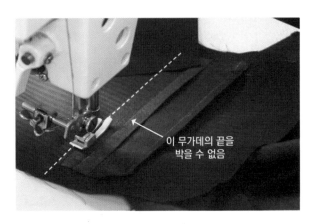

이 무가데의 끝을 박을 수 없음

25 외입술 주머니는 외입술감과 무가데가 이미 함께 주머니 속에 박아져 있기 때문에 쌍입술 주머니를 만들때처럼 무가데 끝을 박을 수 없다. 따라서 외입술감만 주머니속에 끝스티치로 고정해준다.

26 쌍입술 주머니 봉제와 같은 방법으로 주머니속 옆선을 박아준 후 시접은 3㎜만 남기고 잘라 정리한다.

27 안쪽면끼리 마주보도록 뒤집고 주머니 모양을 잡아준 다음 쌍입술 주머니속 둘레를 봉제하는 과정과 동일한 방법으로 봉제한다.

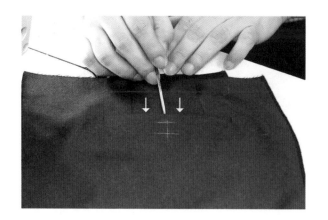

28 송곳으로 외입술 무가데를 살짝 아래로 밀어내려 외입술이 주머니 입구선 위로 2㎜ 정도 올라탄 상태를 만들어준다.

29 'ㄇ'자 모양으로 입술시접을 주머니속에 고정하는 과정역시 동일하다. 외입술 아래에서 위로 올라와 바늘 꽂힌채로 노루발 들고 몸판 방향 바꾼 후

30 외입술 위쪽 끝스티치 후 방향을 바꿔 반대쪽 외입술 아래까지 박아준다.

31 바지의 겉에서 완성된 외입술 주머니의 속을 벌려 무가데끝을 주머니속에 박아 고정한다.

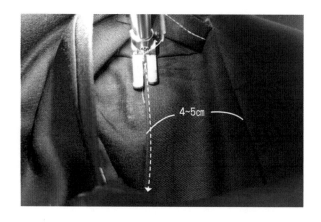

32 외입술무가데의 세로폭이 길면 길수록 무가데 끝을 고정하는 것이 힘들어지고, 세로폭이 짧으면 주머니 사용시 보일 염려가 있으므로 외입술무가데의 완성사이즈는 4~5㎝정도가 적당하다.

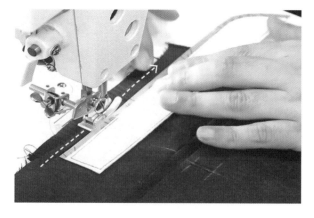

33 뒷판 허리 시접과 주머니속 함께 박아 고정한 후 허리위로남은 주머니속은 잘라준다.

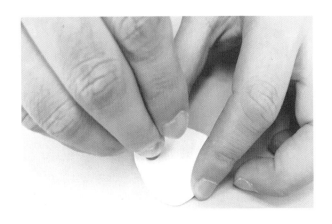

34 주머니 끝에 반달스티치를 넣고 싶을 경우 지름이 1cm인 볼펜의뚜껑에 분초크칠율 한다

35 초크칠한뚜껑을 입술주머니 앙끝에 도장처럼 찍어주면 쉽게 반달모양을낼수있다

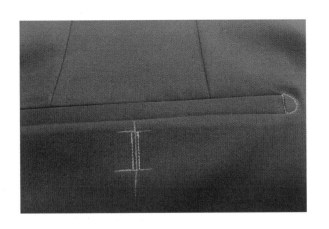

36 찍어나온모양대로 스티치를한다.

37 외입술주머니 완성

3 변형된 쌍입술 주머니 만들기

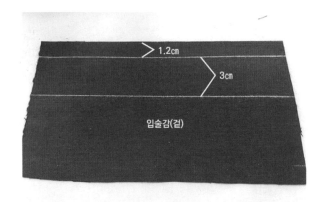

01 입술감 겉면에 1.2cm, 3cm 간격으로 선을 그린다.
(윗입술 5mm + 아랫입술 1cm) x 2 = 3cm

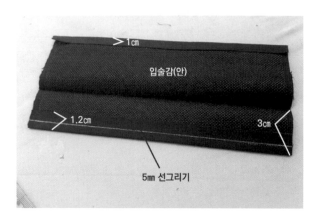

02 쌍입술 주머니 입술감과 같은 방법으로 접어 다린다.
1.2cm 선대로 먼저 접어 다리고 3cm 선대로 접어 다린다.
반대편 끝은 겉면에 1cm 폭의 선을 그리고 접어 다린다.

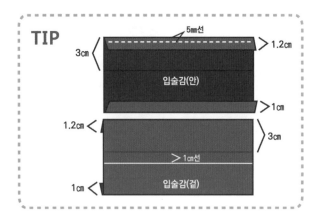

▲ 위 그림과 같이 입술감을 준비한다.

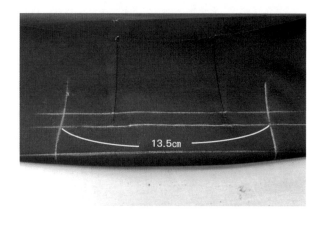

03 실표와 실표를 이어 주머니 입구선을 그리고 바깥솔기쪽
실표를 시작점으로 13.5cm 길이를 표시한다. 주머니 입구
선에서 위로 1cm, 아래로 2cm 폭의 선을 그린다.

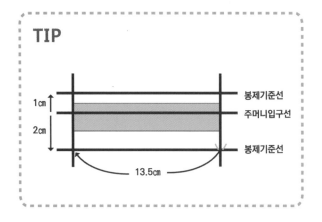

▲ 주머니 입구선을 기준으로 윗입술 5mm, 아랫입술 1cm의
변형된 쌍입술이 만들어진다.

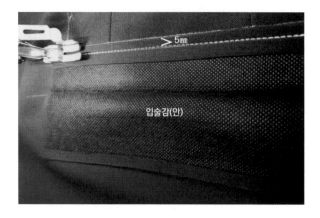

04 주머니 입구선에서 1cm 올라가 그린 선에 1.2cm 폭으로
접은 입술감의 끝을 맞추고 5mm 폭으로 그려준 선 그대로
상침한다.

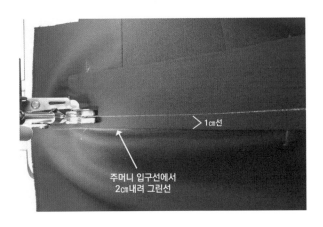

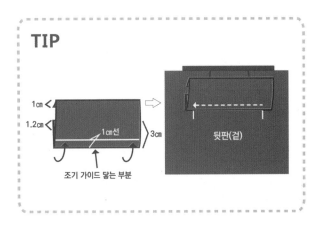

1cm선
주머니 입구선에서
2cm내려 그린선

1cm
1.2cm
1cm선
조기 가이드 닿는 부분
3cm
뒷판(겉)

05 펼쳐있던 입술감을 덮고 아랫입술을 1cm 폭으로 상침한다.

▲ 입술감 겉면에 그려준 1cm 선대로 주머니 입구 시작점부터 끝점까지 박아준다.

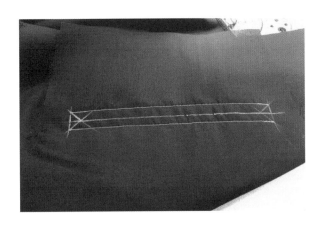

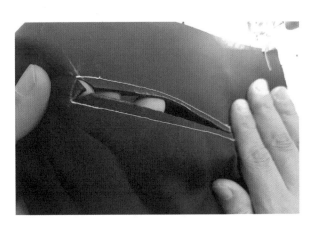

06 위아래 박아진 선의 중간을 절개한다.

07 양끝의 전방 0.7cm에서 'Y'자로 절개한다.

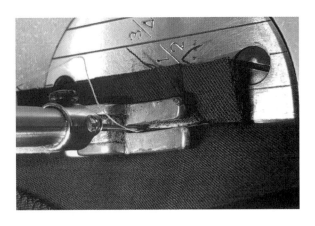

08 뒤집어 입술 모양을 다듬어준 후 철망에 올려놓고 다린다.

09 삼각시접과 위아래 입술감 함께 박아 고정한다.

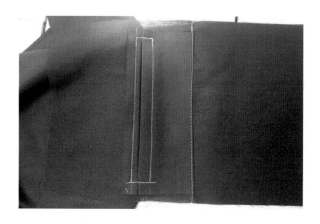

10 1㎝ 폭으로 접어다린 아랫입술 시접 주머니속에 고정한다.

11 주머니속 옆선을 쌍입술 주머니와 같은 방법으로 박는다.

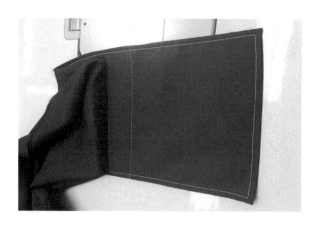

12 뒤집어 주머니 둘레 'ㄴ'자로 박는다.

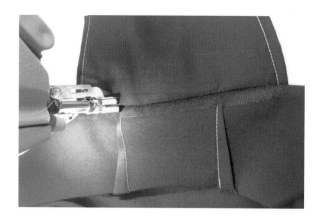

13 입술이 겹쳐진 상태를 유지하면서 윗입술 위를 스티치 한다.

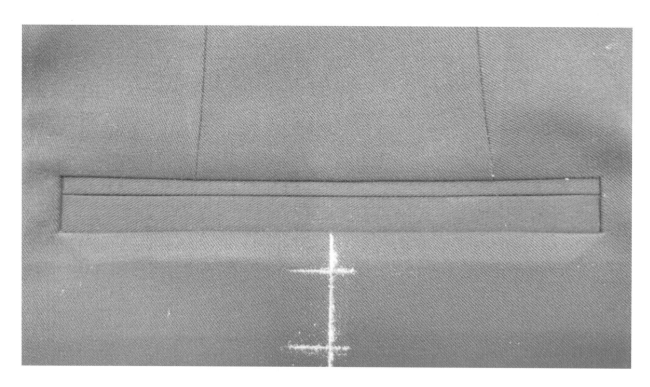

14 완성 주머니

LESSON 04

앞판 · 뒷판 연결하기 (아웃심, 인심)

1 인심, 아웃심 봉제하기

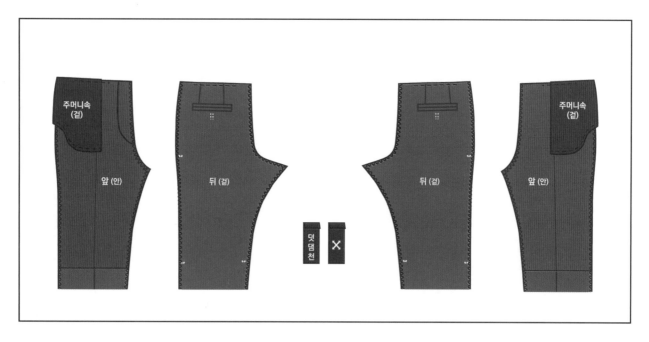

▶ 앞판과 뒷판을 연결하는 과정에 필요한 것들

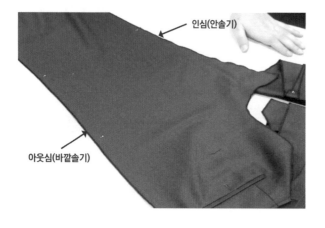

01 바깥쪽 솔기를 아웃심(outseam), 안쪽 솔기를 인심(inseam)이라 한다.

02 아웃심을 먼저 봉제한다. 뒷판의 겉이 보이게 놓고 그 위에 앞판의 안쪽면이 보이게 올려놓는다. 기장끝에서 무릎선 실표까지 박아 올라간다.

03 앞판과 뒷판의 실표를 잘 맞춰가면서 무릎선부터 주머니 속 아래까지 봉제한다.

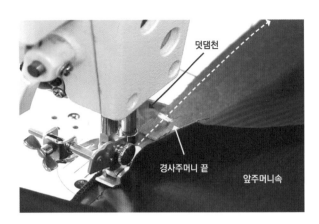

04 주머니속을 젖힌 채로 박아올라 오다가 경사주머니 끝부분에 덧댐천을 대고 박는다. 덧댐천은 뒷판 아래에 놓되 앞판 경사주머니 끝 너치의 중앙에 오도록 한다. 가장 많이 터지는 부분중 하나이니 되돌아 박기해 준다.

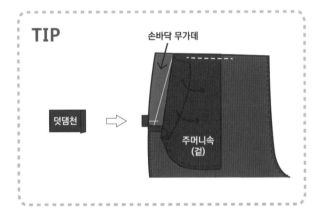

▲ 그림과 같이 덧댐천의 접힌 부분이 보이는 상태에서 뒷판 아래에 놓는다

05 뒷판에 덧댐천이 박아진 모습

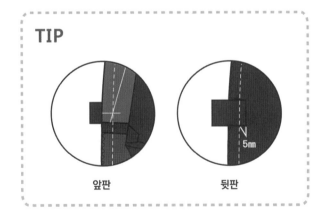

▲ 덧댐천을 박아준 앞판과 뒷판의 모습. 덧댐천은 어느 한쪽으로 치우침 없이 경사주머니 끝 너치를 기준으로 중앙에 위치시켜 처리한다. 또한 1㎝ 폭으로 접어준 덧댐천 시접이 솔기 박음선에 물리게 해야 한다.

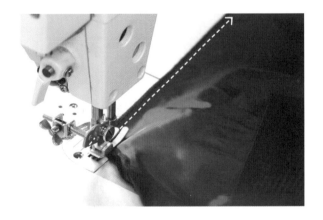

06 인심을 박는다. 일정한 폭으로 박기 어려울 경우 1㎝ 완성선을 그려 박거나 날개조기를 이용해 박아준다.

07 인심과 아웃심을 박기가 힘들경우 위 사진처럼 인심과 아 웃심을 손시침한다. 처음에는 시침질을 한 후 박음질을 하 다가 숙달이 되면 시침하지 않고 바로 박음질을 하여 완성 시간을 단축하도록 한다.

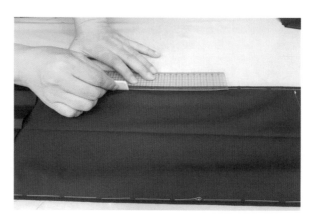

08 시침을 하고 시접끝에서 1㎝ 들어가 완성선을 그려준 후 박음질한다.

09 반대쪽 아웃심을 박는다.

10 반대쪽 덧댐천도 동일한 방법으로 봉제한다.

11 그대로 밑단끝까지 박아 내려간다.

12 반대쪽 인심을 박는다. 박고있는 위치보다 조금 먼 지점의 너치를 맞추고 움직이지 않게 손으로 잡은 상태에서 가시 거리를 넓게 잡고 박아야 현재 박고있는 봉제선의 상태를 한눈에 파악할 수 있다.

13 가름솔을 하기 전에 박음질한 인심과 아웃심쪽 솔기를 다려 이세를 없앤다. 특별한 이상없이 박음질을 하였다 하더라도 만드는 과정마다 다림질을 하는 습관을 들이면 더 나은 퀄리티의 결과물을 얻을 수 있다.

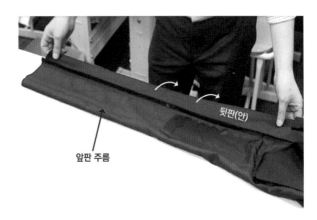

14 앞판에 잡아놓은 주름을 구기지 않으면서 아웃심쪽 솔기를 효과적으로 가름솔 하기 위해서는 사진과 같이 작업대의 가장자리에 솔기를 위치시키고 뒷판부분을 재단대 밑으로 내려준다.

15 아웃심쪽 솔기를 밑단 끝에서 부터 주머니속 아래까지 가름솔 한다.

16 작업대의 가장자리에 인심쪽 솔기를 위치시키고 앞판의 주름과 가름솔한 아웃심쪽 솔기는 작업대 아래쪽으로 떨어뜨린다.

17 뒷판이 구겨지거나 눌려 주름이 잡히지 않게 조심하면서 작업대 가장자리를 이용해 인심쪽 솔기만 조심히 다려준다.

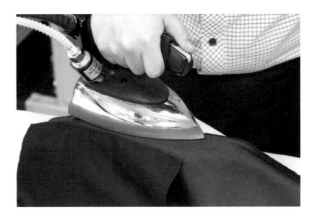

18 허리에서부터 주머니속 아래까지의 솔기를 가름솔 하기 전에 철망에 올려놓고 다림질하여 이세를 없앤다.

19 솔기 시접이 보이도록 앞주머니속을 젖히고 힙선을 살리
며 다릴수 있게 철망의 가장자리에 솔기 시접을 위치시킨
후,

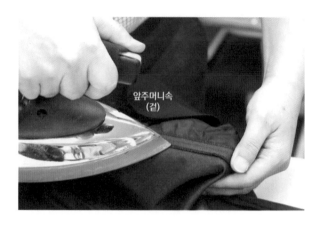

20 허리에서부터 주머니속 아랫 부분까지 가름솔한다.

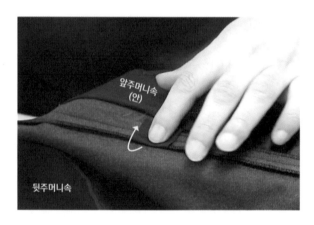

21 덧댐천을 앞판쪽으로 꺾어 다린다.

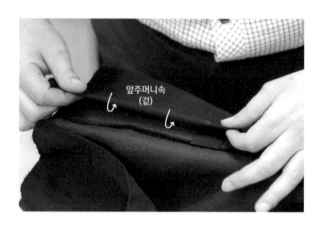

22 젖혀주었던 앞주머니속의 옆선 시접(2.5㎝ 더 넓은 쪽)을
뒷판 시접 오버록 끝에 맞추어 접어 다린다.

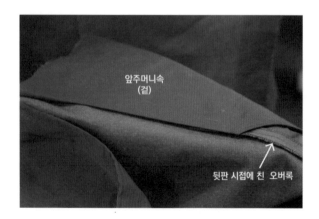

23 뒷판 시접에 친 오버록보다 1㎜ 더 크게 접어다려 오버록
이 보이지 않도록 한다.

24 바지 겉에서 옆선 부분을 보았을 때 잘못된 곳 없이 편히
놓이는지 확인한다.

25 반대쪽 윗부분 솔기도 가름솔하기 전에 다림질로 이세를 없앤다.

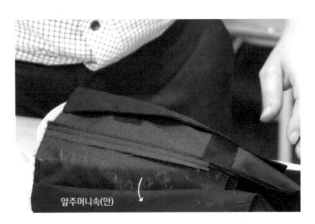

26 마찬가지로 앞주머니속을 젖혀주고 철망 가장자리쪽에 솔기 시접을 위치시킨 후 가름솔 한다.

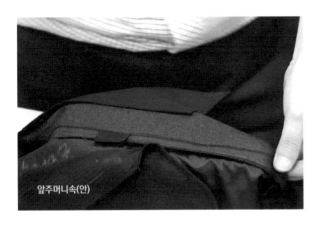

앞주머니속(안)

27 주머니속 아래 부분까지 가름솔 한 후 덧댐천을 앞쪽으로 꺾어 다린다.

28 젖혀주었던 앞주머니속의 옆선 시접을 뒷판 시접 오버록 끝에 맞추어 접어 다린다.

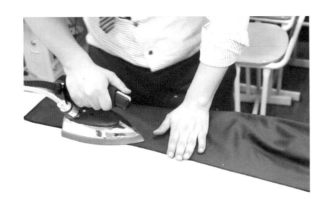

29 반대쪽 인심, 아웃심쪽 솔기를 가름솔하기 전에 마찬가지로 다림질하여 이세를 없앤다.

30 반대쪽 인심, 아웃심쪽 솔기도 작업대의 가장자리를 이용해 가름솔 한다.

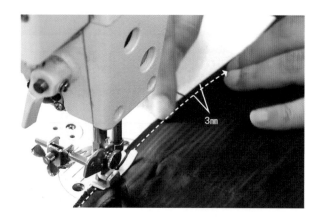

31 접어다린 주머니속의 옆선을 가장자리에서 3mm 안쪽으로 들어와 상침한다. 주머니속의 옆선을 뒷판 시접에 고정하는 것이다. 바지 몸판이 함께 박히지 않도록 주의한다.

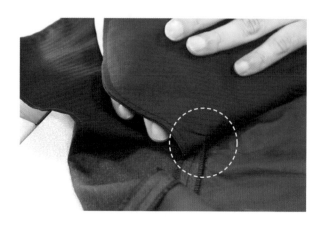

32 앞주머니속의 끝에 2cm 길이로 가위너치를 넣었던 부분을 봉제하지 않으면 주머니 사용시 손가락이 걸려 주머니속이 찢어질 수 있다.

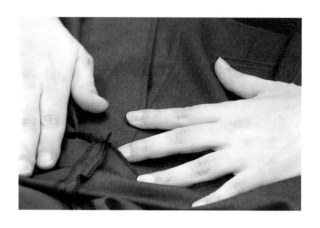

33 바지 겉에서 경사주머니 끝부분을 한손으로 눌러 고정한 상태에서 다른 한 손으로 앞판을 젖히면

34 가위 너치 넣은 부분을 봉제하기 쉽게 편히 잡을 수 있다.

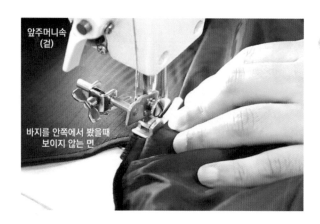

35 솔기 시접과 2cm 가위 너치 넣은 부분을 함께 박아 고정한다.

36 바지를 안쪽에서 들여다 봤을때 바로 보이게 되는 면(손바닥 무가데가 달린면)쪽에서 본 모습

37 반대쪽 주머니속과 뒷판 시접의 끝을 맞춰 잡고 뒷 몸판은 같이 박히지 않게 앞판쪽으로 젖혀준다.

38 주머니속 옆선과 뒷판 시접을 함께 박아 고정한다. 뒷판시 접이 중간에 빠지지 않고 끝까지 함께 물리도록 주의하며 박는다.

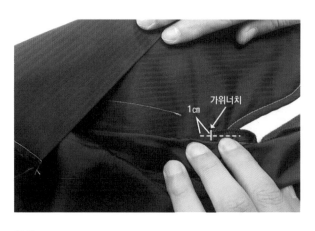

39 반대쪽 가위 너치 부분도 동일한 방법으로 시접에 고정한 다(가위 너치 1cm 위에서 시작하여 솔기 시접까지).

40 완성된 모습

LESSON 05

뎅고 만들기

1 뎅고 만들기

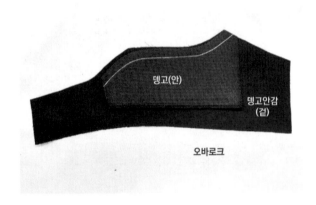

01 위 사진과 같이 뎅고와 뎅고안감을 겉과겉이 마주보도록 놓는다.

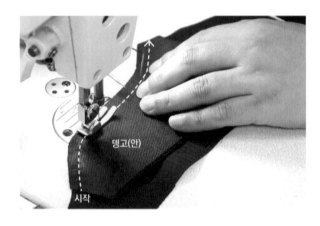

02 뎅고 곡선을 박아준다. 시작지점은 되박음질을 하고 끝부분은 되박음질을 하지 않는다.

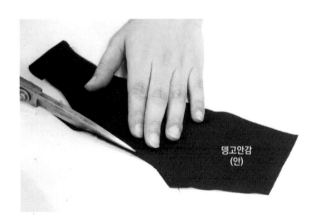

03 시접은 2mm 정도만 남기고 바짝 잘라 정리한다.

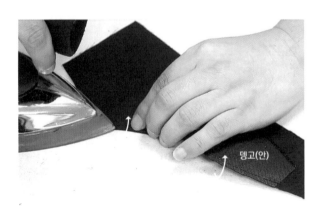

04 시접을 뎅고 쪽으로 봉제선이 보이도록 꺽어 다린다.

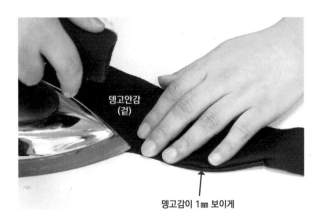

05 뒤집어 뎅고 안감쪽에서 다려준다. 이 때 뎅고감이 뎅고안 감 쪽으로 1㎜ 정도 넘어와 살짝 보이도록 다려야 한다.

06 뎅고 안감 아랫부분도 곡선의 흐름따라 자연스럽게 접어 다린다.

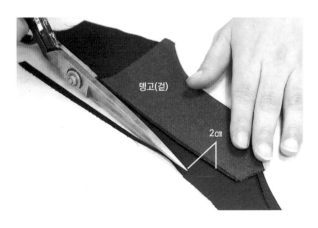

07 뎅고 오버록친 부분(지퍼 달리는 부분)옆으로 2㎝만 남기 고 뎅고 안감을 자른다.

08 뎅고안감 아랫부분도 흐름따라 자연스럽게 자른다.

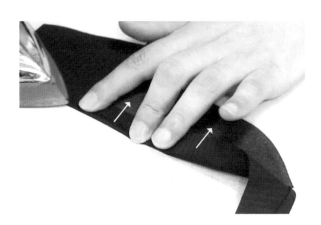

09 2㎝ 남긴 뎅고안감으로 뎅고를 감싸며 다린다.

10 뎅고안감 끝부분까지 자연스럽게 다려 내려온다. 뎅고 끝 부분은 양쪽으로 접혀진 폭이 약 2.2㎝ 정도가 되도록 다 려준다.

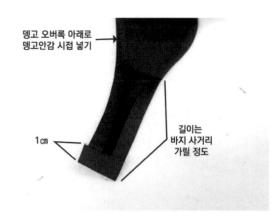

뎅고 오버록 아래로
뎅고안감 시접 넣기 ←

1㎝

길이는
바지 사거리
가릴 정도

11 곡이지는 부분이라 자연스럽게 돌아가며 다려지지 않는다면 사진과 같이 너치를 주고 다린다.

12 뎅고 위를 감싸며 다려주었던 뎅고 안감 시접을 뎅고 오버록친 부분 아래로 넣고 다시 다린다. 뎅고안감의 끝을 1㎝ 접어 다린다.

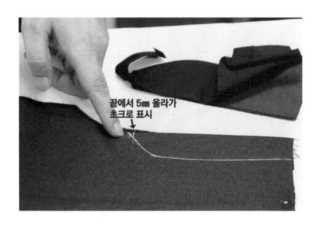

끝에서 5㎜ 올라가
초크로 표시

13 왼쪽 앞판 겉면에 그려준 마이다대 스티치선의 끝에서 5㎜ 올라가 초크로 표시한다 .

14 앞판 위에 뎅고를 허리부분부터 맞춰 올려놓고 앞판 스티치선 끝에서 5㎜ 올라가 표시한 포인트를 뎅고에도 똑같이 표시한댜

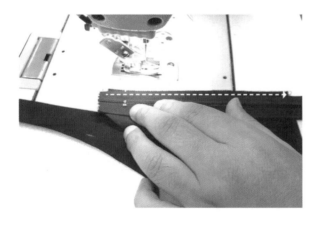

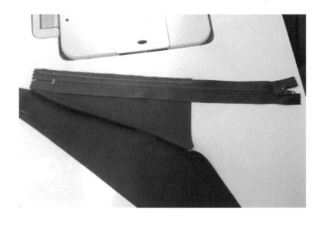

15 뎅고 안감을 젖히고 뎅고하단에 5㎜ 올라가 표시한 선에 지퍼 하지 끝율 맞춘다. 지퍼살 가장자리에 사진과 같이 시침을한댜

16 뎅고에 지퍼 시침 완성

2 뎅고 달기

01 왼쪽 바지통(마이다대 달린쪽)을 겉이 나오게 뒤집고 오른쪽 바지통(뎅고 달릴 쪽)은 뒤집지 않은 상태에서 왼쪽 바지통을 오른쪽 바지통 속으로 넣는다.

02 왼쪽 앞판과 오른쪽 앞판의 겉과겉을 마주보게 한 후 허리에서 부터 지퍼 끝 실표까지 길이를 맞춰 잡고 왼쪽 앞판의 마이다대 끝 지점에서 5mm 올라가 초크로 표시한다.

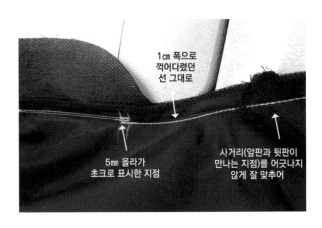

03 5mm 올라가 초크로 표시한 지점에서 시작하여 사거리에서 뒷판쪽으로 5cm 지난 지점까지 1cm 폭으로 박아준다.

04 튼튼하게 한번 더 박는다. 지퍼 끝부터 사거리 전까지는 바이어스 방향으로 재단되어 있기 때문에 원단을 살짝 당기며 박아주어야 튿어지지 않는다.

05 한번 더 박음질 할때에는 사거리에서 뒷판쪽으로 4cm 지난 지점까지만 박는다.

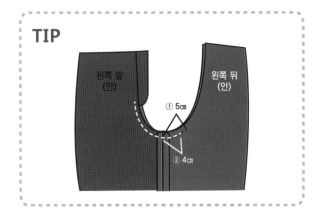

▲ 같은 자리에서 되박음질이 반복될 경우 실이 몇겹이 되어 두꺼워 지므로 두번째 박을때는 첫번째 되박음질 지점보다 조금 앞까지만 박고 되박음질 한다.

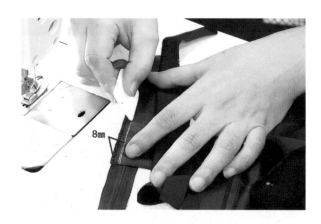

06 뎅고 안감을 젖히고 지퍼가 달릴 부분에 8mm 선을 그린다.
(지퍼 시접은 1cm지만 8mm 폭으로 박는다)

07 오른쪽 앞판의 겉과 뎅고의 겉이 마주보도록 올려놓고
8mm 그려준 선대로 박는다. 지퍼노루발을 사용하거나 샌
드페이퍼를 이용하여 뎅고원단과 지퍼이빨의 높이차를
보완하며 박는다.

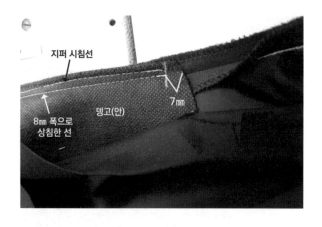

08 뎅고 끝 7mm는 상침하지 않는다.

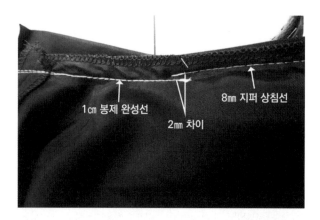

09 지퍼 상침선과 봉제 완성선이 2mm의 차이가 나게 된다.

3 지퍼 달기(시침없이 달기)

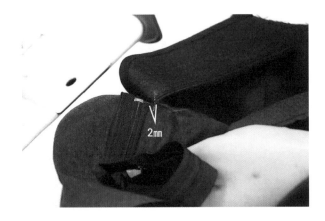

01 2mm의 차이는 지퍼가 앞중심에서 2mm 정도 안쪽으로 들어가 마이다대가 달린 반대쪽 앞판에 의해 덮이게 되는 분량이다.

02 1번의 상태에서 그대로 포개어 덮는다.

03 뎅고에 달려있는 지퍼의 반대쪽 지퍼살 뒷면을 마이다대에 박아준다. 지퍼를 열지 않은채로 끝에서 5 ~ 6cm 정도 박아 올라온다.

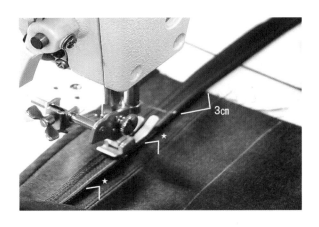

04 실을 끊지 않고 바늘이 박혀있는 상태에서 지퍼를 연 다음 허리에서 3cm 전방까지 같은 너비로 박아 올라온다.

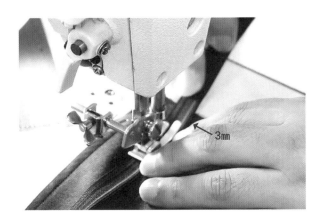

05 3cm 전방부터 허리까지는 지퍼끝을 5mm 정도 꺾어 박는다.

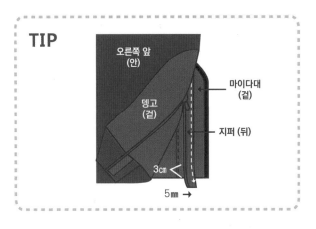

▲ 지퍼가 2mm 정도 덮힌 상태에서 그림과 같이 왼쪽 앞판과 오른쪽 앞판을 포개어 덮은 다음 지퍼살 뒷면을 마이다대에 같은 폭으로 박아오다가 3cm 전방부터는 5mm 정도 바깥으로 박기.

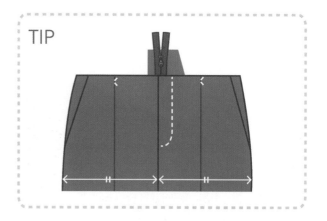

TIP

06 지퍼를 끝까지 채웠을 때 지퍼가 2㎜ 정도 앞중심에서 좀 더 안쪽으로 들어가 덮이는지, 사거리에서 올라오는 봉제 선 과 지퍼 상침선이 자연스럽게 이어지는지 확인한다. 잘 달렸 다면 한번 더 박음질 해주어 튼튼하게 해준다.

▲ 지퍼가 앞중심에서 2㎜ 정도 안쪽으로 들어가 덮힌다고 왼 쪽 오른쪽 뱌지폭이 다른것은 아니다 2㎜의 분량을 남기기 위 해 뎅고를 8㎜ 폭으로 박아주었기 때문에 전체 시접은 1cm가 되 며 왼쪽, 오른쪽 바지 사이즈는 동일하다.

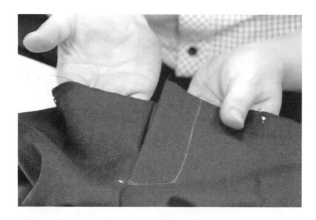

07 지퍼 윗 부분은 3cm 전방에서 5㎜ 정도 꺾어 박아주었기 때문에 아랫 부분보다 좀 더 많이 덮이게 된다. 이 것은 지퍼 슬라이더 넓이 때문에 여유분을 준 것이다.

08 지퍼를 잠근 상태에서 앞판 양쪽에 벨트가 달릴 1cm 완성 선을 초크로 표시한댜

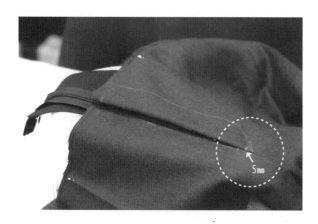

09 지퍼끝에서 5㎜ 올라가 표시한 이유는 지퍼를 내리다가 지퍼머리가 마이다대 스티치의 뵤족한 끝으로 끼어 들어 가는 것을 방지하고, 마이다대 스티치시 하지가 노루발에 걸리지 않게 하기 위함이다

4 지퍼 달기(시침질 하여 달기)

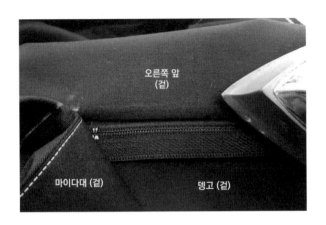

01 지퍼가 시침되어 있는 뎅고를 오른쪽 앞중심에 8mm 폭으로 박은 후 사진과 같이 몸판을 젖혀 다려준다.

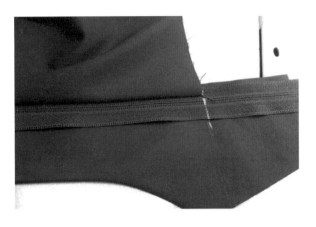

02 허리 시접 끝을 지퍼에도 표시해 준다.

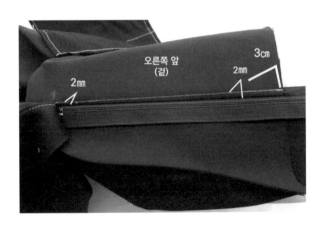

03 오른쪽 앞중심에서 끝부분은 2mm 떨어진 지점을, 허리 부분은 2mm 떨어진 지점을 표시한 후 두 지점을 잇는 일직선을 그린다.

04 왼쪽 앞중심 끝을 그려진 선에 맞춘다.

05 뎅고 안감은 젖혀둔채로 손시침 한다.

06 지퍼 끝지점까지 손시침 한다.

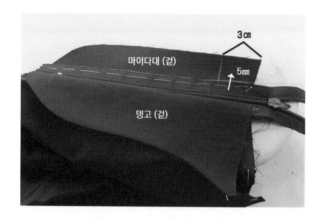

07 뎅고를 젖힌 후 뎅고에 달린지퍼의 반대쪽지퍼살을 마이 다대 위에 손시침한다. 지퍼끝에서 3㎝ 전방까지는 편하 게 놓인 그대로, 3㎝ 전방에서 허리까지는지퍼 바깥쪽으 로 3㎜ 정도빼서 손시침한다.

08 지퍼살 끝에서 2~3㎜ 들어와 마이다대를 살짝 당기며 튼튼하게 두번 박음질한다

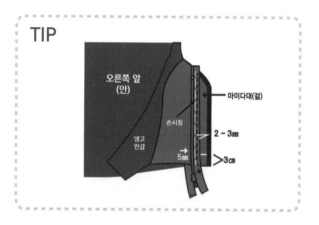

▲ 허리 끝 전방 3cm부터 5mm 더 들어가 박음질 하는 이 유는 지퍼 슬라이더 넓이 때문이다.

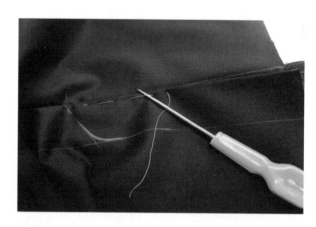

09 손시침한 실을 뜬다.

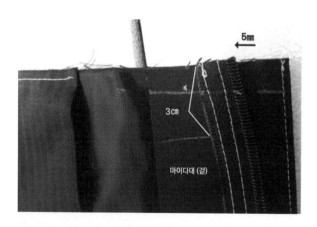

10 마이다대에 지퍼가 박힌 모습

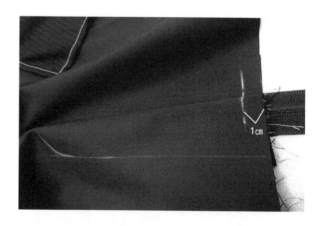

11 지퍼를 채운후 허리끝에서 1㎝ 내려가 벨트가 달리게 될 완성선율 양쪽에 함께 그려준다.

벨트 달기

1 벨트 만들기 - 5㎝ 탭

01 가장 일반적인 넓이의 5㎝ 탭이 있는 벨트를 만드는 방법이다.

벨트가 서로 대칭이 되도록 마주보게 놓고

02 벨트감 안쪽에 허리심지를 붙인다. 시중에 있는 심지중에 벨트심지와 보강심지가 함께 박혀져 있는 것을 사용하면 편리하다.

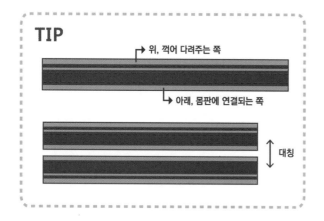

TIP

위, 꺾어 다려주는 쪽

아래, 몸판에 연결되는 쪽

대칭

▲ 허리심지를 똑같은 방향으로 붙이는 것이 아니라 그림과 같이 두장이 서로 대칭이 되도록 올려놓고 붙인다.

03 벨트패턴을 올려놓고 뒷중심, 옆선, 앞중심을 벨트감에 표시한다.

04 패턴을 걷어내고 지워지지 않는 것(분   , 은펜 등)으로 앞서 표시한 선을 아래에 놓인 벨트감까지 일직선으로 연장 시킨다.

05 뒷중심 여유분 시접 외에 남은 부분을 잘라낸다.

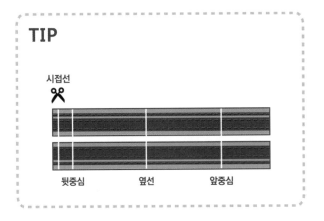

TIP

시접선

뒷중심   옆선   앞중심

▲ 대칭이 되게 놓은 상태에서 두장에 함께 선을 긋고 뒷중심 여유분 외에 남은 부분 잘라내기.

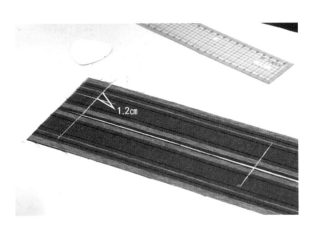

1.2cm

06 뒷중심 허리벨트 끝에서 1.2㎝ 정도 아래로 내려와 선을 그린다. 1.2㎝정도 박지않고 트임을 주어 허리 사이즈에 여유분을 주는 것이다.

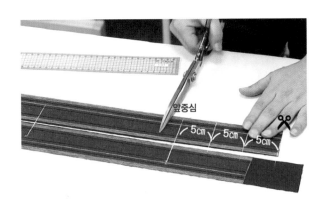

앞중심

5cm   5cm   5cm

07 앞중심에서 탭 분량 5㎝, 탭 안단 5㎝, 마이다대 분량 5㎝ (3.5㎝ + 1.5㎝)선을 그린 후 나머지는 잘라낸다.

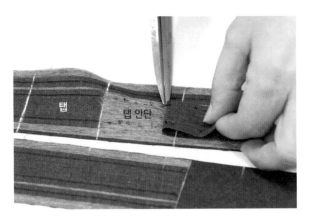

탭   탭 안단

08 허리심지가 겹쳐서 투박해지지 않도록 탭 안단 부분 허리심지를 뜯어낸다.

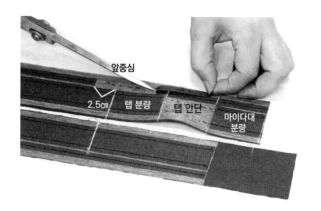

09 앞중심에서 2.5cm 들어간 지점부터 마이다대 분량 끝까지 보강심지를 뜯어낸다.

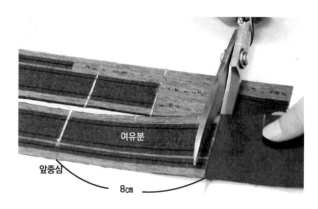

10 뎅고쪽 벨트는 여유분량을 충분히 주고(약 8cm) 나머지 남은 부분을 잘라낸다.

11 보강심지가 붙어있는 부분을 보강심지 넓이대로(1.5cm) 꺽어 다린다.

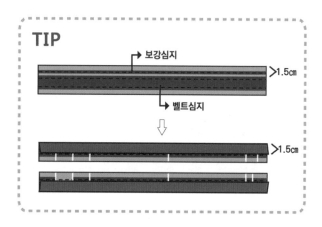

▲ 보강심지 꺽어 다리기

12 마이다대쪽 벨트 앞중심에서 5cm 나간 선(탭 분량)을 골선으로 하여 접어 다린다.

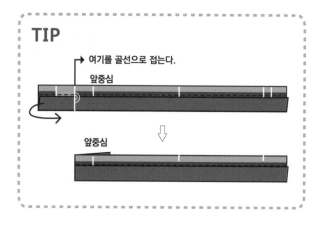

▲ 마이다대쪽 벨트 탭분량 접어 다리기

2 벨트감과 벨트안감 합복하기 - 5㎝ 탭, 일반 벨트안감

01 벨트의 아랫부분을 휘어지게 하여 다린다. 보통 체격의 사람은 허리보다 힙이 크기때문에 휘어지게 다려주면 몸에 더욱 편안히 잘 맞게 된다. 하지만 허리 사이즈가 35인치 이상인 경우 위 작업이 필요 없다.

TIP

일자벨트를

⬇

휘어진 벨트로

▲ 일자벨트를 휘어진 모양으로 다려 착용감을 더욱 편하게 만든다.

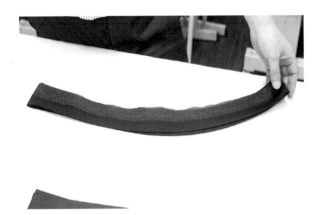

02 벨트안감(고시우라)도 벨트감과 마찬가지로 휘어진 모양이 되도록 다린다.

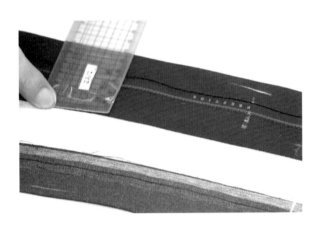

03 벨트안감(고시우라)의 넓이는 6㎝ 정도가 적당하다. 그보다 넓을 경우 윗부분을 잘라준다.

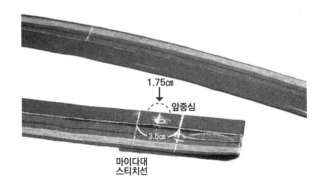

04 마이다대쪽 벨트 앞중심에서 옆선쪽으로 3.5㎝ 이동하여 마이다대 스티치선을 그린다. 앞중심과 마이다대 스티치선의 절반지점이 벨트안감이 박히는 시작점이 된다.

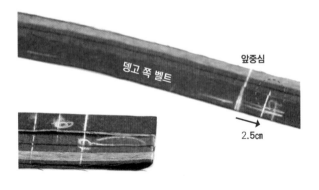

05 뎅고쪽 벨트는 벨트 앞중심에서 바깥쪽으로 2.5㎝ 이동한 지점이 벨트안감이 박히는 시작점이 된다.

06 사진과 같이 벨트 안감의 겉면이 보이도록 놓고 뎅고쪽 벨트의 앞중심에서 바깥쪽으로 2.5cm 나가 선을 다시 그린다.

07 벨트안감의 겉에 벨트감의 안쪽면이 보이게 올려놓고 앞중심에서 2.5cm 나간 선과 벨트안감의 끝을 맞춘 후 1cm 폭으로 봉제한다. 날개조기 가이드를 1cm 폭으로 맞춰놓고 그대로 박는다.

08 벨트안감을 당기지 않고 자연스럽게 이세가 들어가도록 박아야 휘어지게 다린 효과가 더욱 커진다.

09 뎅고쪽 벨트감의 끝까지 박았다 하여 실을 끊는 것이 아니라 그대로 마이다대쪽 벨트감을 이어 박는다. 벨트심지와 보강심지의 위치를 맞추어 동일한 폭으로 박을 수 있다.

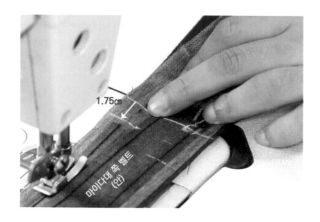

10 앞중심에서 1.75cm 들어와 그린 선까지만 박고 남은 벨트안감은 잘라준다.

11 벨트안감과 벨트감의 겉이 나오도록 뒤집은 다음 벨트안감쪽으로 시접을 몰아 끝스티치 한다. 벨트안감은 바이어스 방향으로 재단되어 만들어졌기 때문에 스티치하면서 밀리거나 꼬이지 않도록 주의한다.

12 끝스티치 역시 끊지 말고 다른쪽 벨트 끝까지 박는다.

13 이어박은 벨트 뒷중심부분 실을 잘라준다.

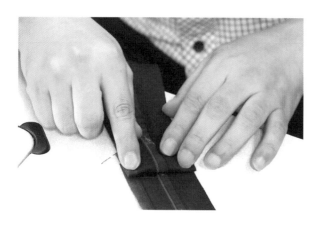

14 양쪽 벨트 뒷중심끼리 맞춰 보아 자연스럽게 연결이 되는
지 확인한다.

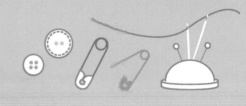

세탁소 옷걸이로 뒤집개 만들기

1)세탁소 옷걸이를 준비한다. **한쪽**은 일자로 다른 **한쪽**은 손잡이로 쓰일 부분을 남기고 자른다.

2) 일자 부분의 끝 피복을 3㎝ 정도 연필 깎듯이 벗긴다. 면도칼로 3㎝지점에 칼집을 낸 다음 니퍼로 피복을 분리시킨다.
   끝까지 피복을 벗기면 나중에 녹슬어 뒤집을 때마다 짜아내야한다.

3) 벗겨진 끝을 그라인더나 **사포**로 날카롭게 갈아주고 니퍼로 끝을 구부려 걸고리 모양으로 만들어 준다.

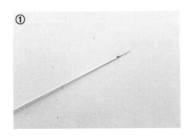

4) 벨트고리 뒤집개 완성. 세탁소 옷걸이는 **생활속에** 서 쉽게 구할수 있고 뒤집는 과정에서 힘을 많이 받아도 쉽게 구부러지지 않으며 뒤집개의 길이를 길게 만들수 있기 때문에 고리를 만드는 시간을 단축할수있댜

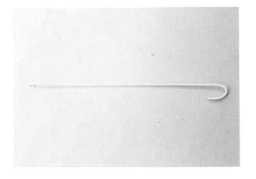

3 벨트고리 만들기

01 벨트고리감을 골선으로 접어 다린다.

02 골선쪽에서 1㎝ 시접선을 그린다.

03 그린 1㎝ 완성선대로 박음질한다. 위의 원단이 밀려 고리
가 꼬이지 않도록 아래 원단을 당기면서 박아준다.

04 시접 4㎜ 정도만 남기고 자른다. 시접이 5㎜ 이상 되면 원
단 두께 때문에 벨트고리 완성폭이 1㎝가 나오지 않을 수
있다.

05 시접을 중심으로 오도록 놓고 가름솔한다. 다른 한 손으로
현재 다리고 있는 지점에서 멀리 떨어진 지점을 잡은 채
당기면서 다리면 쉽게 가름솔 할 수 있다.

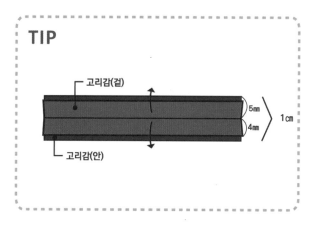

▲ 시접을 고리감의 중심에 위치하게 하여 가름솔한다.

06 뒤집개를 고리 안으로 넣는다.

07 뒤집개의 구부러진 고리 끝을 가름솔 시접 반대쪽에 걸어 고리감을 뒤집는다. 다린 가름솔 시접이 펴지지 않도록 엄지손가락으로 가름솔을 매만져가며 조심히 뒤집는다.

08 박음선이 고리 뒷면 중간에 오게하여 다린다.

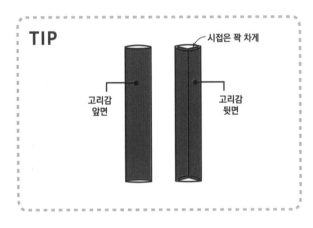

▲ 만들어진 고리감의 앞, 뒤 모습

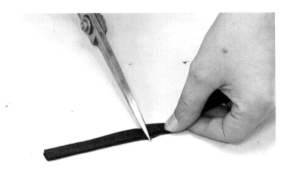

09 벨트 폭 3.5㎝, 벨트고리 완성폭 길이 4.5㎝를 기준으로 할 때 9㎝ 길이의 고리 6개가 필요하다.

10 벨트고리 완성(허리 36인치 이상 8개, 36인치 이하 6개)

4 벨트고리 달기 – 5㎝ 탭, 일반 벨트안감

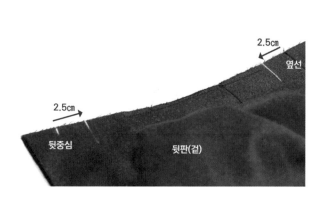

01 벨트고리가 달릴 위치를 표시한다. 뒷중심에서 옆선쪽으로 2.5㎝, 옆선에서 뒷중심쪽으로 2.5㎝ 들어가 선을 그린다

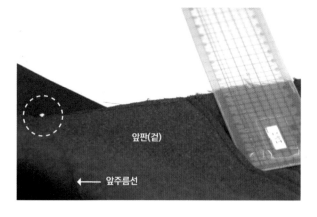

02 앞판에서는 앞주름의 실표가 고리 달리는 위치가 된다.

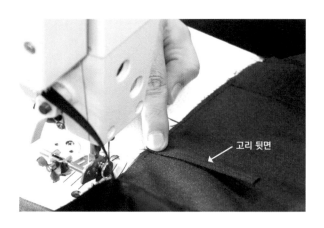

03 고리의 앞면과 앞판의 겉이 마주본 상태에서 고리의 끝과 앞판 허리시접 끝을 맞추고 앞주름 중심 위치에 고리를 박는다(X2).

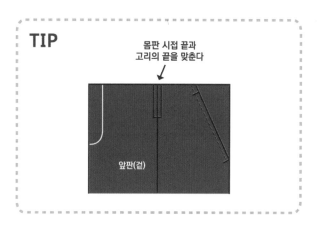

▲ 시접을 고리감의 중심에 위치하게 하여 미싱 시침한다.

04 옆솔기에서 뒷중심 쪽으로 2.5㎝ 이동한 선에 맞추어 고리를 박는다(X2).

05 뒷중심에서 옆솔기쪽으로 2.5㎝ 이동한 선에 맞추어 고리를 박는다(X2).

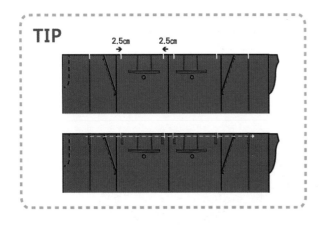

▲ 벨트고리를 표시한 선에 맞춰 다는 방법

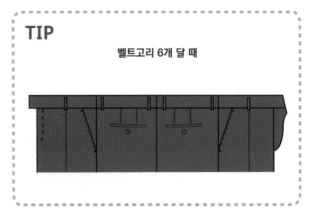

벨트고리 6개 달 때

▲ 벨트고리를 달아준 모습

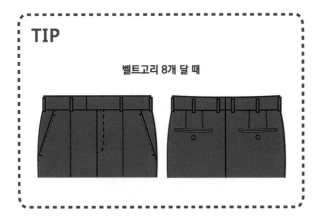

벨트고리 8개 달 때

▲ 벨트고리를 8개 달 경우 : 앞주름 2개, 옆솔기 2개, 뒷중심
에서 옆선쪽으로 2.5㎝ 이동한 지점 2개, 두 다트선의 중심지점
2개

5 왼쪽 앞판 벨트 달기 - 5㎝ 탭, 일반 벨트안감

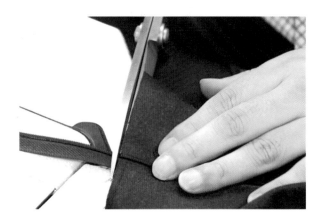

01 허리 위로 남은 지퍼는 허리 시접에 맞춰 일직선으로 자른다.

02 왼쪽 앞판의 겉과 벨트감의 겉이 마주보게 놓고 마이다대 꺽임선과 벨트감의 앞중심선을 맞추어 9㎜ 폭으로 박는다.

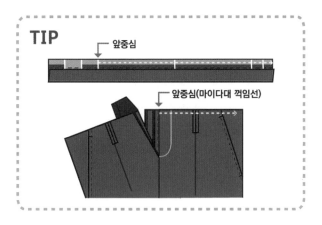

▲ 일자벨트를 휘어진 모양으로 다려 착용감을 더욱 편하게 만든다.

03 옆솔기 포인트까지 몸판에 이세를 넣어가며 맞춰 박는다.

04 각각의 포인트를 잘 맞춰 박았다면 몸판 뒷중심 시접 분량과 벨트감 뒷중심 시접 분량이 자연스럽게 맞아 떨어지게 된다.

05 탭분량을 골선으로 접고 몸판에 달린 마이다대 허리 시접과 벨트감의 마이다대 시접을 맞춘 후 마이다대 끝에서 앞중심까지 박는다.

06 마이다대 끝을 벗어나는 벨트심지는 마이다대 끝에 맞춰 잘라낸다.

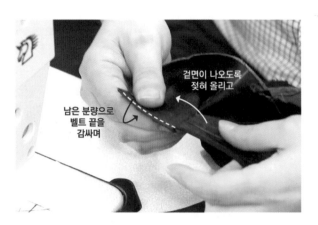

07 마이다대 위 벨트를 겉면이 나오도록 젖혀 올리고 6번에서 남은 벨트감 시접으로 허리 시접을 감싼 후

08 끝스티치로 고정한다.

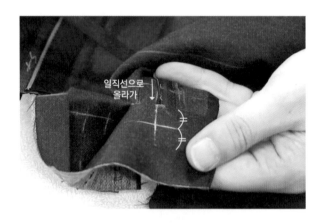

09 지퍼 이빨의 끝에서 일직선으로 올라와 직선을 그리고 벨트폭의 중심에 초크표시 한다.

10 지퍼이빨 끝에서 올라와 그린 일직선에 마이깡 꺽임선을 맞추고 벨트폭의 중심점에 마이깡의 중심이 오게 한 상태에서 마이깡을 눌러박는다.

11 안쪽에 대를 끼워 넣고 철심을 안쪽으로 구부린다.

12 사진과 같이 앞중심에서 5cm 탭분량만큼 나간 선을 골선으로 하여 접어주고 9mm 폭으로 박는다(접힌 끝에서 시작하여 앞중심을 2mm 정도 지난 지점까지).

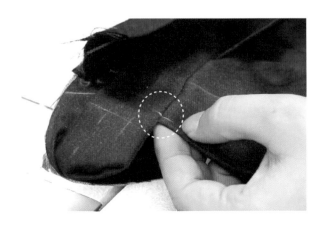

13 탭을 뒤집어서 보면 사진에 표시된 초크 위치가 앞중심을 2mm 정도 지나 박아준 끝지점이다. 이렇게 박음질 해주면 앞중심이 깔끔하고 더욱 튼튼해진다.

14 탭의 윗부분을 박아 고정한다(임시로 시침하는 것).

15 뒤집어 벨트 안쪽면이 나오도록 한 다음 보강심지 부분 1.5cm 폭으로 꺾어 다렸던 선에서 1mm 띄워 끝까지 박는다.

16 시접 5mm만 남기고 자른다.

17 벨트안감(고시우라)도 뒤집었을때 시접끼리 겹치지 않도록 사선으로 잘라준다.

18 앞면이 보이도록 벨트고리를 일직선으로 접어 올린다.

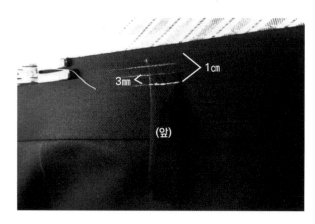

19 날개조기의 가이드를 1cm 시접으로 박히도록 맞춘다.1cm 시접으로 박았을 때 벨트고리의 끝이 3mm 정도 물리도록 한 후 박아 고정한다.

20 고리의 뒷면이 보이도록 들어올리고 노루발을 사이에 넣은 후 7mm 폭으로 박는다. 나머지 고리들도 이와같은 방법으로 박아준다.

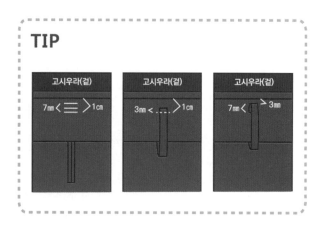

▲ 벨트고리를 다는 방법

21 탭을 뒤집어 주고 송곳으로 모서리 모양을 다듬는다.

22 뒤집어 모양을 다듬어준 탭의 모습

23 허리 시접은 위로 올리고 벨트안감은 마이다대 속으로 편히 넣어준다.

24 그대로 뒤집어 벨트안감이 밖으로 나오지 않도록 사진과 같이 임시로 벨트 위를 시침한다.

25 마이다대 스티치선을 봉제할 때 되박음질 시작을 벨트위에서 하면 지저분해 보이므로 벨트박힘선에 숨은 되박음질을 한다.

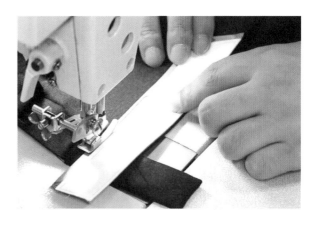

26 25번의 과정에서 실을 끊지 않고 바늘이 원단에 박혀있는 상태에서 노루발을 들고 바지를 돌린다. 그 다음 왼쪽 앞판의 겉에 그려준 스티치선 모양대로 샌드페이퍼를 맞춰 올려놓고 그대로 스티치한다.

27 중간지점까지 박았으면 지퍼를 반쯤 채우고 뎅고쪽이 같이 박히지 않게 반대편으로 젖힌 다음 앞부분이 편히 놓이도록 하고 끝까지 스티치 한다.

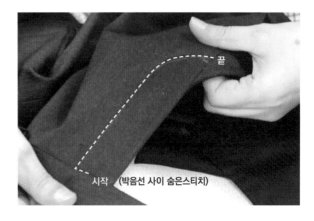

28 마이다대 스티치 완성

6 오른쪽 앞판 벨트 달기 - 5cm 탭, 일반 벨트안감

01 지퍼를 채우고 탭의 하단끝이 오른쪽 앞판에 닿는 위치를 표시한다.

02 오른쪽 뒷판의 겉면에 오른쪽 벨트감의 안쪽면이 보이도록 올려 놓는다. 뒷중심 여유시접 끝에서부터 각각의 포인트 (뒷중심선, 옆선)들을 잘 맞춰가며 박는다.

03 오른쪽 앞판에서의 앞중심은 지퍼 박힌선에서 2mm 정도 옆선 쪽으로 들어온 지점이다. 앞 몸판의 앞중심과 벨트의 앞중심선을 잘 맞춰 박는다.

04 되박음질을 하지 않았던 뎅고와 뎅고안감의 박음선 끝부분을 살짝 뜯어준다.

05 뎅고겉감의 끝까지 벨트감을 박아준다.

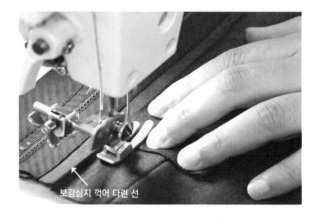

06 벨트고리를 뒷중심쪽에서부터 박는다. 고리를 일직선으로 접어 올려 고리끝이 3mm 정도 물리도록 위치시키고 벨트 꺾어 다린 선에서 1cm 폭으로 박는다.

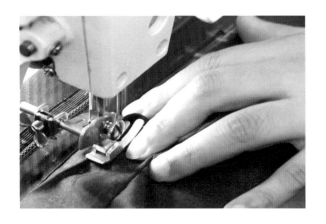

07 벨트고리 뒷면이 보이도록 들어올리고 7㎜ 폭으로 박는다.

08 지퍼 이빨의 끝에서 일직선으로 올라가 선을 그리고 벨트 폭의 중심점을 표시한다.

09 벨트폭의 중심점과 훅의 중심을 맞추고 지퍼이빨의 끝에서 일직선으로 올라와 그린선의 안쪽으로 훅을 박는다.

10 지지대를 끼우고 철심을 구부린다.

11 벨트안감의 끝보다 더 긴 보강심지는 투박해지지 않도록 뜯어낸다.

12 뎅고안감의 겉과 벨트의 겉이 마주보도록 뎅고안감을 그대로 편안히 덮고 벨트의 꺽임선을 뎅고안감의 안쪽면에 표시한다.

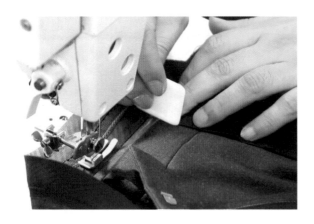

13 벨트안감의 끝이 닿는 위치를 벨트감의 겉면에 표시한다.

14 뎅고안감에 표시한 벨트 꺾임선을 위로 당겨올려 벨트안
감의 끝과 맞춘다.

15 뎅고 접은 시접에서 부터 뎅고 끝까지 일직선으로 박는다.
벨트안감 끝에서 1mm 정도 살짝 띄워 박는다.

16 시접은 1cm만 남기고 자른다.

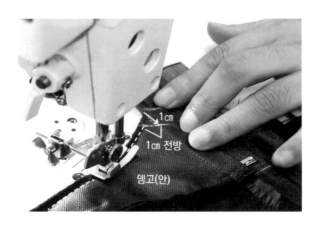

17 뎅고 완성선 그대로 박아 올라간다. 뎅고 시접끝에서 1cm
안으로 들어가 초크로 표시한 후 표시한 지점의 1cm 전방
까지 박아 올라온다.

18 1cm 전방까지 박아 올라온 후

19 원하는 각도로 박는다.

20 시접 1cm만 남기고 자른다.

21 뎅고를 뒤집어 모양을 잡아준다.

22 지퍼를 올리고 마이깡을 채워 벨트 박음선이 일치하는지 확인한다.

23 바지를 착용한 후 양옆으로 당기는 힘을 받았을 때 앞중심 이 벌어져 지퍼가 보이는 일이 없도록 마이깡을 지퍼 끝 일직선 안쪽으로 들여다 달아준 것이다.

24 벨트 위를 살짝 시침하여 임시로 고정한다.

7 뒷중심 및 허리 완성하기 – 5cm 탭, 일반 벨트안감

01 뒷중심을 연결하기 위해 겉끼리 마주보도록 편안히 놓고
벨트선과 벨트안감선을 맞춘다.

02 허리 시접은 위로 올리고, 허리 시접 조금 아래지점부터
뒷중심을 시침한다(1.2cm 트임 전까지).

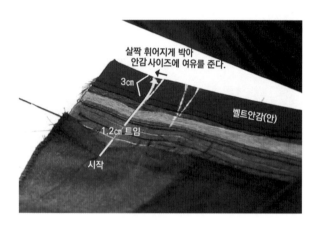

03 1.2cm 트임 부분은 바늘을 올린 상태에서 노루발을 들고
몸판을 뒤로 당겨 건너 뛰고, 벨트 꺾임선부터 다시 시침
하다 벨트안감 끝 전방 3cm 부터는 살짝 휘어지게 박는다.

04 벨트선, 벨트꺾임선, 벨트안감선 등이 일치되는지 확인한
다.

05 허리 사이즈를 측정할 때는 원단 및 벨트안감의 두께로
인한 내경과 외경의 사이즈 차이 때문에 내경 사이즈로
측정하도록 한다.

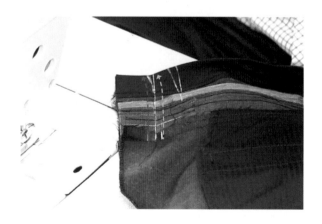

06 뒷중심 여유시접 분량을 패턴상의 분량(사진의 흰선)보다
줄이거나(빨간 점선) 늘려(노란 점선) 원하는 허리 사이즈
를 맞춘다.

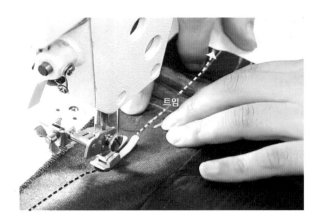

07 지퍼달기 작업시 사거리에서 뒷판쪽으로 5㎝ 지난 지점까지 박음질 했던 위치에서 이어서 뒤 밑위를 박아준다. 밑위는 원단을 당기며 박아주어야 착용시 봉제실이 뜯어지지 않는다. (늘림 봉제)

08 허리시접 아래 시침 시작점까지 박아 올라온 다음 시침선 그대로 다시 한 번 박아준다. 이번에도 트임부분은 박음질을 하지 않는다.

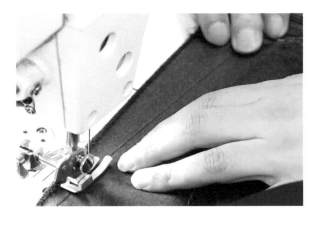

09 튼튼하게 뒤 밑위를 한번 더 박아준다.

10 앞 지퍼 2㎝ 밑에서부터 뒷판 밑위가 일직선이 되는 곳까지 위의 시접 한 겹을 젖히고 끝스티치 한다(착용시 불편하지 않게 시접을 뉘어주는 기능).

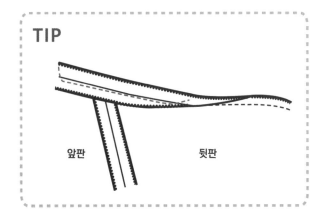

TIP

앞판   뒷판

▲ 반대쪽 시접에서 부터 시작해 몸판쪽 시접으로 넘어와 끝스티치 한 후 밑위가 일직선이 되는 곳에서 다시 반대쪽 시접으로 넘어가 되박음질로 마무리 한다.

11 뒷중심 시접을 가름솔 하기 전에 철망위에 올려놓고 시접을 살짝 늘려 다린다.

12 뒷중심 시접을 가름솔로 다린다.

13 벨트안감 양쪽끝을 삼각모양으로 접어 다린다.

14 벨트안감을 접어다린 모습

15 끝스티치한 밑위 한쪽 시접을 살짝 늘려 다린다.

16 탭 부분 모양 살려 다린다.

17 뎅고도 모양을 잘 잡아 다려준다.

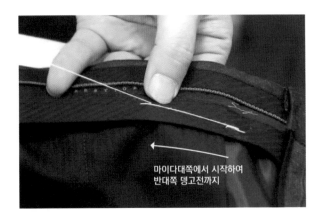

마이다대쪽에서 시작하여
반대쪽 뎅고전까지

18 벨트 박음선 사이로 숨은 스티치를 하여 벨트 작업을 마무리 해야 하는데 그냥 숨은 스티치를 할 경우 벨트안감이 안에서 밀려 박힐 수 있으므로 벨트안감이 움직이지 않도록 시침 고정한다.

19 뎅고쪽은 숨은 스티치시 뎅고안감이 같이 박힐수 있으므로 뎅고 안감 전까지만 시침한다.

20 마이다대 스티치선에서부터 벨트와 몸판 박음선 사이에 숨은 스티치를 한다. 벨트와 몸판을 양쪽으로 벌리며 박아 최대한 스티치가 눈에 띄지 않도록 한다.

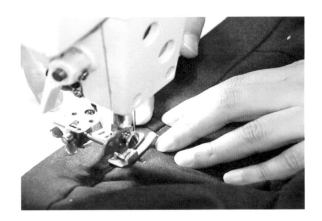

21 벨트고리는 바짝 위로 들어올리고 박는다.

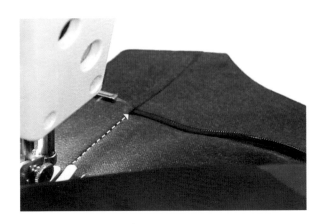

22 뎅고안감이 같이 박히지 않게 젖히고 지퍼전까지 숨은스티치 한다.

23 벨트를 몸판에 연결할 때 1㎝가 아닌 9㎜ 시접으로 박았기 때문에 1㎜의 여유가 남아있다. 숨은 스티치 후 벨트를 허리쪽으로 쓸어 내려주면 1㎜의 여유분이 내려와 숨은 스티치를 가리게 된다.

24 벨트고리 작업을 마무리 하기 위해 벨트안감이 같이 박히지 않도록 벨트 안감을 젖힌다.

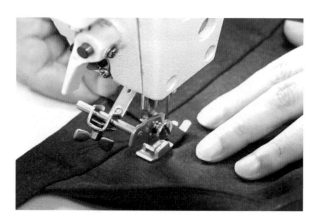

25 벨트고리가 일직선으로 당겨지도록 노루발을 고리 안쪽으로 넣는다.

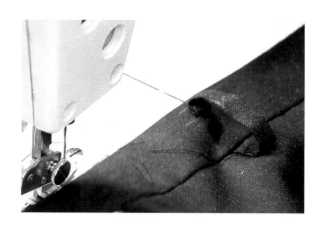

26 이 위치에서 고리를 벌려 박아준다면 고리는 일직선으로 당겨지는 상태가 되지만 노루발의 왼쪽발 폭 5mm가 여유분량으로 추가되므로 완성 후 벨트고리의 여유분량이 너무 많아지게 된다.

27 벨트고리가 일직선으로 당겨졌을 때 노루발 왼쪽발 끝이 오는 위치를 사진과 같이 표시하고,

28 그 위치보다 2 ~ 3mm 정도 아래로 노루발을 옮겨 고리를 박는다. 왼쪽발의 폭 때문에 발생한 5mm의 여유분량을 2 ~ 3mm 정도로 줄여주는 것이다.

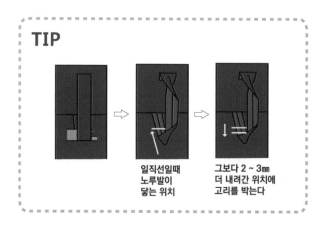

TIP

일직선일때 노루발이 닿는 위치

그보다 2 ~ 3mm 더 내려간 위치에 고리를 박는다

▲ 벨트고리 아랫부분 고정하는 방법

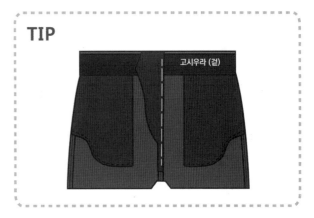

TIP

고시우라 (겉)

29 안쪽에서 보았을 때 벨트안감이 벨트고리 박음선 위치보다 7㎜ 정도 내려와 박음선을 덮어주는 것이 좋다. 벨트안감이 너무 많이 내려와 덮을 경우 불편할 수 있다.

▲ 뎅고안감을 시접에 고정하기 전에 그냥 박는 것이 어려울 경우 사진과 같이 박음질 하기 전에 움직이지 않도록 시침해 준다.

30 뎅고안감을 고정하기 위해 편한 상태로 잡고,

31 그대로 뎅고안감이 미싱침판과 마주보도록 뒤집어 놓고 끝스티치로 앞중심 시접에 고정한다.

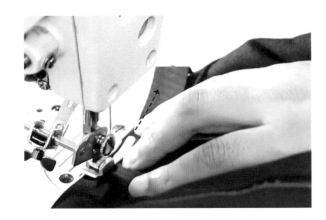

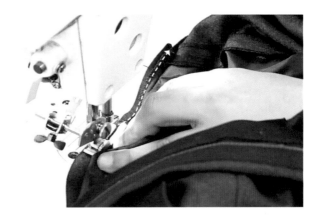

32 2.2㎝ 폭으로 길게 접어준 뎅고 안감의 아랫부분을 끝스티치로 몸판 사거리 시접에 고정한다. 몸판 사거리 시접은 양쪽 1㎝씩 총 2㎝로 2.2㎝폭의 뎅고안감에 의해 가려지게 된다.

33 반대쪽은 마이다대의 휘어진 부분부터 박기 시작한다. 이번에는 뎅고안감의 겉면이 미싱침판과 마주보는 상태에서 마이다대와 몸판시접, 뎅고안감 끝이 모두 함께 고정되도록 박는다.

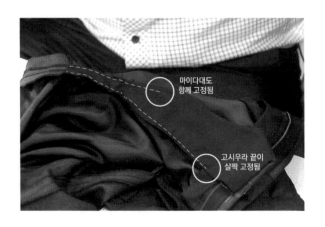

마이다대도
함께 고정됨

고시우라 끝이
살짝 고정됨

34 고정된 뎅고안감의 모습.

35 마이다대 끝부분도 함께 고정해 주었기 때문에 지퍼를 열
었을때 뎅고가 과도하게 젖혀지지 않는다.

8 일반 탭, 이중 벨트안감 달기

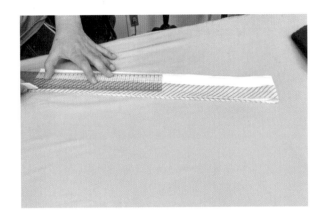

01 이중 벨트안감(고시우라)의 넓이는 6cm를 넘지 않도록 한
다. 6cm가 넘을 경우 윗부분을 잘라준다.

02 벨트안감 아랫부분을 휘어지게 다린다.

03 벨트감도 벨트안감과 마찬가지로 휘어지게 다린다.

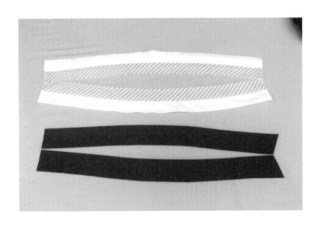

04 벨트감과 벨트안감이 완성된 모습

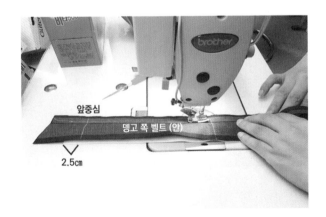

05 뎅고쪽 벨트의 겉과 벨트안감의 겉이 마주보도록 놓는다.
뎅고쪽 벨트의 앞중심에서 2.5cm 앞으로 벨트안감을 이동
시키고 1cm 폭으로 벨트와 벨트안감을 합복한다.

06 겉면이 나오도록 뒤집어 벨트안감 쪽으로 시접을 몰고 벨
트안감에 끝스티치 한다.

07 마이다대쪽 벨트와 벨트안감을 합복한다. 뒷중심 여유시 접의 끝과 벨트안감의 끝을 맞추고 1㎝ 폭으로 박는다.

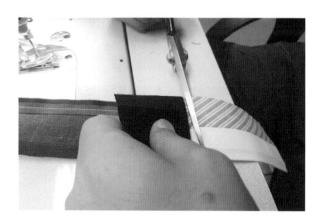

08 마이다대쪽 벨트는 뎅고와 달리 앞중심선에서 1.75㎝ 안으로 들어온 지점까지만 박아준다.

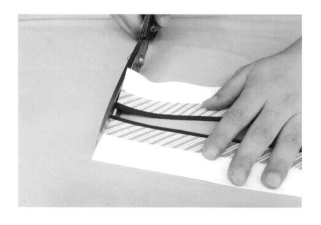

09 벨트길이에 맞춰 벨트안감 뒷중심쪽 남은 부분 잘라낸다.

10 박음질 후에는 항상 다리미로 다려준다.

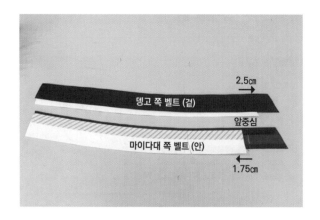

11 벨트와 이중 벨트안감 합복 완성

12 벨트고리 앞면과 몸판의 겉을 마주보게 하고 벨트고리의 끝을 앞판 허리시접 끝에 맞추어 앞주름 중심선에 박아 고정한다.

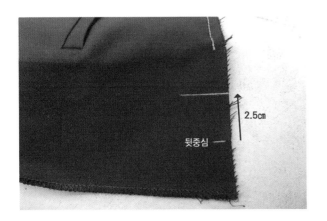

13 옆솔기에서 뒷중심 쪽으로 2.5㎝, 뒷중심에서 옆솔기 쪽으로 2.5㎝ 이동하여 선을 표시한 후 고리를 박는다.

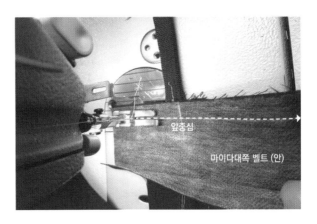

14 마이다대쪽 벨트의 앞중심선과 마이다대 꺽임선을 맞추어 9㎜ 폭으로 박는다.

15 옆솔기 포인트까지는 3㎜ 정도의 이세가 있다. 이세를 넣어가며 몸판과 벨트의 포인트선을 맞춰 박는다.

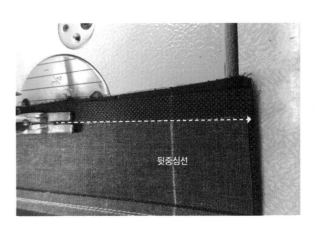

16 뒷중심선까지 맞춰 박는다.

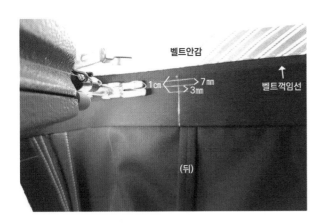

17 벨트 박음질 후 벨트 겉면이 나오도록 뒤집고 벨트안감이 같이 박히지 않도록 위로 펼친다. 벨트고리 왼쪽 옆으로 일직선을 그린 후 벨트꺽임선에서 1㎝ 아래로 선을 그린다. 그 다음 그 위로 3㎜, 다시 그 위로 7㎜ 선을 그린다.

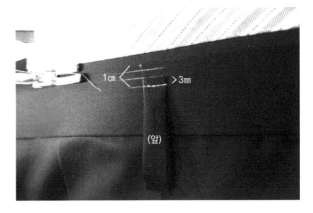

18 3㎜ 선에 벨트고리 끝이 오게 한 후 1㎝ 폭으로 박는다.

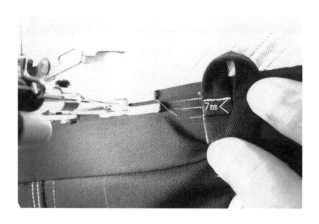

19 벨트고리를 뒷면이 보이도록 들어올리고 7㎜ 폭으로 박는다.

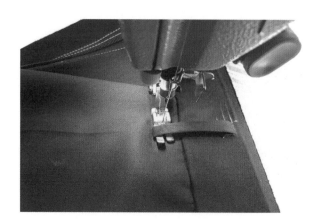

20 고리가 일직선으로 당겨지도록 노루발을 고리 안쪽으로 넣고 노루발은 2~3㎜ 옮겨 박는다.

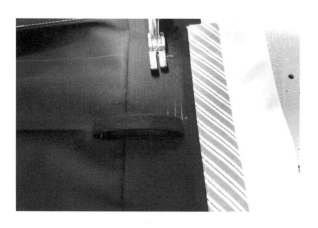

21 나머지 고리도 이와같은 방법으로 작업한다.

22 마이다대 끝과 벨트의 끝이 일직선이 되도록 벨트의 남는 부분을 잘라준다. 텝오비 처럼 박음질 해도 상관없다.
(오비 박는 또 다른 방법 제시하는 것일 뿐)

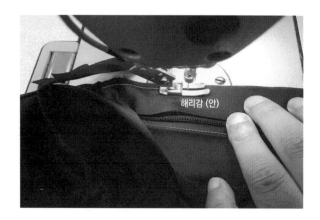

23 마이다대 해리감으로 마이다대 둥근 가장자리 끝에 맞춰 5㎜ 폭으로 상침한다. 이전의 과정에서는 미리 마이다대 가장자리에 해리를 쳤지만 여기서는 벨트를 달고 난 후 벨트까지 한꺼번에 해리를 쳐주는 것이다.

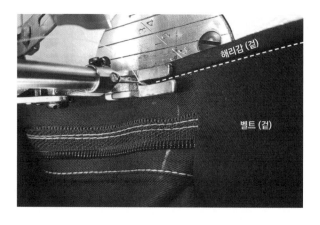

24 벨트 끝까지 해리감을 5㎜ 폭으로 박은 후 해리감의 겉면이 나오도록 뒤집고 뒷쪽으로 넘겨 마이다대와 벨트의 가장자리를 바짝 감싼다. 그 다음 사진과 같이 해리감 옆으로 숨은 스티치를 한다.

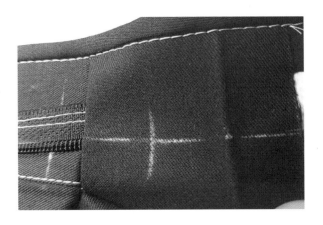

25 지퍼 이빨에서 일직선으로 올라오는 선을 긋고 벨트폭의 중심점을 표시한다.

26 지퍼 이빨에서 일직선으로 올라와 그린선에 마이깡 꺾임선을 맞춰 달아준다.

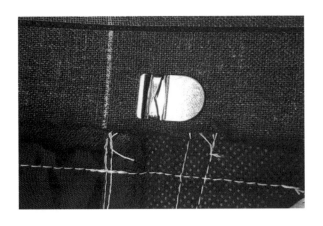

27 벨트 안쪽에서 마이깡 받침대를 끼우고 철심을 구부린다.

마이다대 쪽 벨트 (겉)

28 마이다대 꺾임선을 골선으로 하여 마이다대의 겉면과 벨트의 겉면을 마주보게 접은 후 벨트 꺾임선대로 박는다.

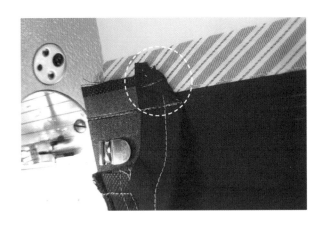

29 벨트 시접은 뒤집었을 때 보이지 않도록 안쪽으로 접어 박음질 한다.

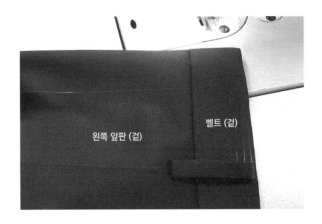

왼쪽 앞판 (겉)

벨트 (겉)

30 뒤집어 다린다.

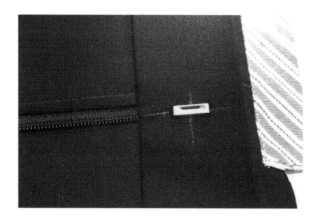

31 뎅고쪽은 지퍼 이빨에서 일직선으로 올라와 그린 선에 맞추어 벨트폭의 중심에 달아준다.

32 벨트 안쪽에서 받침대 끼고 철심을 안쪽으로 구부린다.

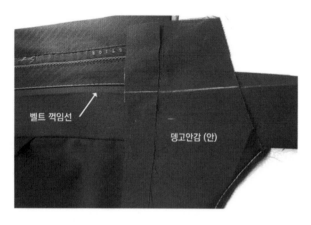

33 뎅고안감을 편안히 덮고 벨트 꺽임선을 뎅고안감에 그려준다.

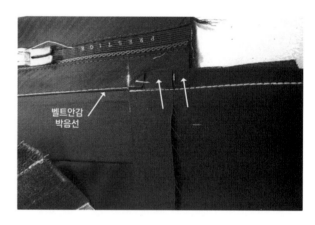

34 뎅고안감을 당겨 올려 벨트안감 박음선과 뎅고안감에 그린 벨트 꺽임선을 맞춘다음 벨트안감 박음선보다 1mm 떨어져 박음질 한다. 뎅고안감 시접끝이 벨트를 뒤집었을때 보이지 않게 사진과 같이 삼각으로 접어 박아 고정한다.

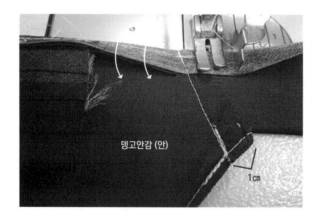

35 벨트와 뎅고안감 연결 시접을 뎅고안감쪽으로 꺽어 접은 상태에서 뎅고 안감 시접 끝 전방 1cm 지점에서 원하는 각도로 박는다.

36 시접은 1cm만 남기고 자른 후 뒤집어 다리기 쉽도록 꺽어 다린다.

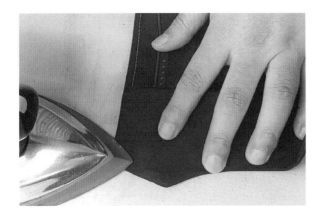

37 뒤집어 다려준다.

38 뎅고 봉제 완성

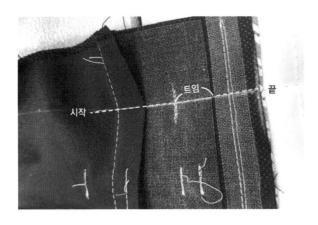

시작 ---- 트임 ---- 끝

39 1.2㎝ 트임구간을 제외하고 허리시접 조금 아래에서부터 고시우라 끝까지 시침한다.

고시우라선

벨트
꺽임선

벨트
박음선

40 벨트박음선, 벨트꺽임선, 벨트안감선이 일치하는지 확인한다.

뒷판 (안)

41 지퍼를 달기위해 박음질 했던 지점(사거리에서 뒷판쪽으로 5㎝ 지난 지점)에 이어서 밑위를 박는다. 힘을 받는 부분이기 때문에 뜯어지지 않도록 원단을 당기며 2번 박음질 한다.

42 앞지퍼 2㎝ 밑에서 시작하여 뒷판 일직선이 되는 곳까지 위의 시접 한겹을 젖히고 끝스티치 한다.

43 한 겹 젖혀 끝스티치 한 시접만 늘려 다린다.

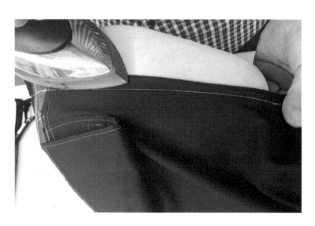

44 뒷판 밑위 시접 늘려 다려준다.

45 가름솔 한다.

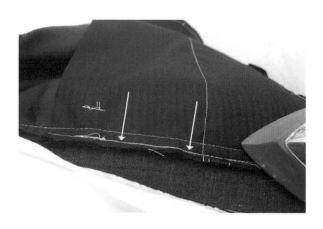

46 허리 시접 위로 올려 다린다.

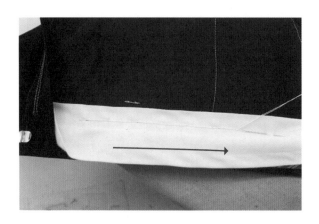

47 이중 벨트안감 두겹 중 위의 한겹을 젖히고 아래의 벨트안
감과 위로 올려다린 허리 시접을 손으로 되박음질 한다.

48 마이다대를 편하게 놓고 손으로 가장자리를 시침한다.

49 지퍼를 채우고 뎅고 안감을 사진과 같이 손시침한다.

50 지퍼를 열고 마이다대 스티치선 그린대로 스티치를 한다.

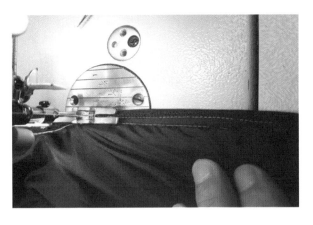

51 시침한 뎅고안감이 미싱 침판 바닥과 마주보도록 놓고 앞
중심 시접과 함께 박아 고정한다.

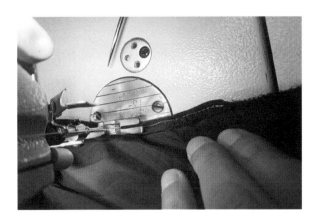

52 반대쪽은 마이다대, 앞중심 시접, 뎅고안감을 모두 함께
박아 고정한다.

53 뎅고안감 고정박음질이 완성된 모습

기장처리 및 손단추 구멍 작업

1 기장 처리하기 - 기본

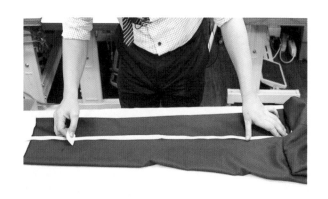

01 바지 기장은 디자인에 따라 밑위길이가 다르기 때문에 아웃심쪽에서 기장을 재면 정확하지 않을 수 있으므로 사진과 같이 인심쪽에서 재도록 한다.

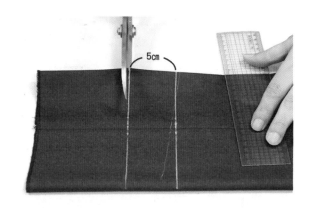

02 원하는 기장을 체크해 일직선을 그려준 후 시접은 5cm만 남기고 자른다.

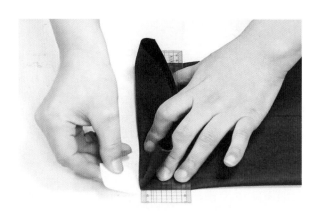

03 그린 기장선에 자를 대고 누른 상태에서 바지 밑단을 들어올려 뒷면에도 기장선을 그려준다.

04 그린선대로 시접을 바지 안으로 넣고 다린다.

05 오버록 친다.

06 시접 뒷면에서 바늘을 꽂아나와 매듭을 숨기고 여러번 제 자리 바느질을 하여 바지부리를 옆선 시접에 튼튼히 고정 한다.

07 촘촘히 새발뜨기를 한다. 실이 너무 당겨지면 겉에서 보 았을 때 원단이 우는 현상이 발생하므로 당기지 않을 정 도로만 바느질 한다.

08 한바퀴 다 돌아 새발뜨기를 했으면 제자리뜨기를 여러번 하여 부리와 옆솔기 시접을 고정한다.

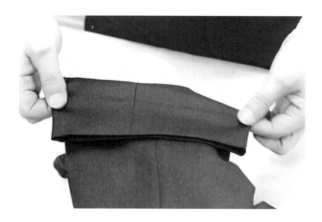

09 바느질한 실이 보이거나 실이 당겨져 우는 부분이 없는지 확인한다.

2 기장 처리하기 - 카브라(4cm 턴업)

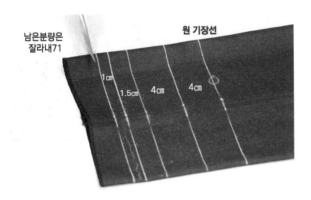

남은분량은
잘라내기

원 기장선

1cm
1.5cm 4cm 4cm

01 4cm 카브라를 할 경우 사진과 같이 선을 그린다
(카브라 분량 4cm, 4cm, 1.5cm 시접, 1cm 접는 선)

02 뒷면에도 4개의 선을 그려준다 원기장선 아래 카브라선
은 지워지지 않게 분초크로 그려준다.

03 1cm 시접선을 꺽어 다린다 만약 원단이 두꺼울 경우 1.5
cm 선에서 기장을 자르고 오버록 친다. 원단이 두껍지 않
율 경우에 한하여 깔끔하게 작업하기 위해 오버록을 치는
대신 꺽어 다리는 것이다.

04 원 기장선에서 4cm 아래로 내려가 그린선을 골선으로 하
여 아래 남은 분량을 바지 안으로 넣고 다린다.

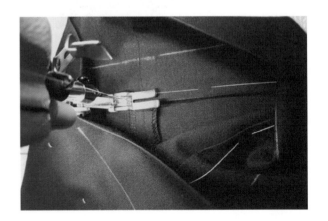

05 바지 부리 안쪽이 보이게 벌린 상태에서 1cm폭으로 접어
다린 밑단을 끝스티치 한다 인심 쪽에서 시작하여 시작과
끝 박음선이 보이지 않도록 한다.

06 끝스티치가 어려울 경우 미리 밑단에 손시침을 해주면 좀
더 쉽게 끝스티치를 할 수 있다.

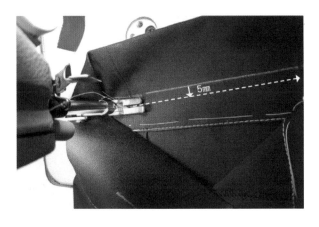

07 1.5㎝ 선에서 5㎜ 내려와 박음질한다.

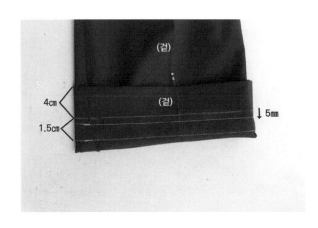

08 카브라 박음질 된 모습

09 카브라 선대로 접어 다린다.

10 바텍처리할 위치를 표시한다.

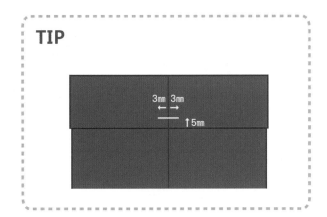

TIP

▲ 카브라 끝에서 5㎜ 내려와 박음선 양쪽으로 3㎜씩 총 6㎜ 의 선을 그린다.

11 카브라 안쪽에서 바느질을 시작하여 매듭이 겉에서 보이 지 않도록 한다. 카브라 안쪽에서 옆선을 살짝 떠준다.

12 옆선이 떠진 상태에서 바텍 끝점으로 바늘을 이동시킨다.

13 바텍 시작 지점에서 바늘을 깊숙히 찔러 옆선까지 함께 떠주고

14 다시 바텍 종료 지점으로 바늘을 찌른다.

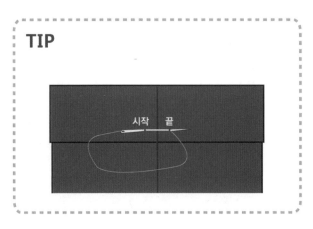

TIP

▲ 카브라 안쪽에서 시작하여 옆선을 뜨며 끝점으로 이동 후 다시 시작점으로 들어가 옆선을 뜨며 끝점을 향해 바늘을 찔러 나온 상태

15 바늘이 찔려 있는 상태에서 바늘을 빼지 말고 바텍 끝점에서 나온 실을 바늘에 한쪽 방향으로 감아준다. 바늘에 감는 실의 길이는 바텍 길이보다 2㎜ 정도 더 길게 한다.

16 한쪽 손으로 감겨진 실을 눌러주면서 바늘을 뺀다.

17 실을 당기며 바텍 모양이 예쁘게 나오도록 매만진다.

18 다시 바텍 시작지점으로 바늘을 찔러

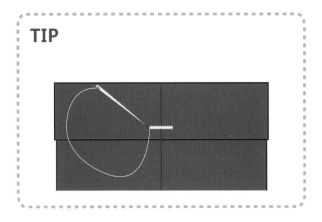

TIP

▲ 18번 상세 모습

19 옆선을 떠주며 바텍 끝지점으로 나온다.

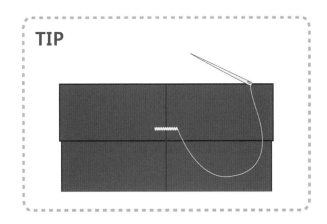

TIP

▲ 19번 상세 모습

20 끝지점으로 나온 바늘을 다시 밑으로 찔러 넣는다.

21 바지 옆솔기 시접으로 뺀 바늘로 시접에 제자리 뜨기 반복하여 마무리한다.

22 손바텍 완성

3 기장 처리하기 - 덧댐천

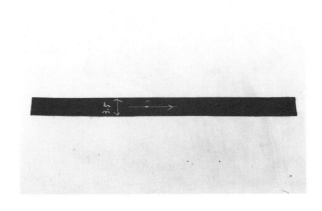

01 폭 3.5㎝, 길이는 바지 부리 길이보다 5㎝ 길게 재단한다.

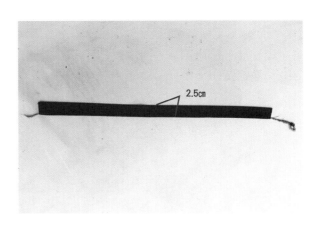

02 한쪽끝을 오버록 치고 오버록친 끝에서 2.5㎝ 폭으로 접어 다린다.

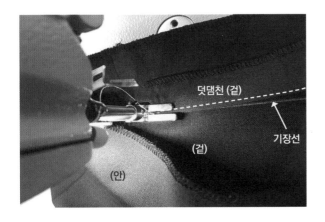

03 바지 겉면에 그린 기장선에 덧댐천의 접어다린 부분을 맞춰 놓고 끝스티치 한다.

04 한 바퀴 돌며 끝스티치 한 후 다른 한쪽 끝을 대각선으로 접어 모양대로 끝스티치 한다. 실을 끊지 않고 그대로 오버록 친 부분으로 이동하여 한 바퀴 돌며 박음질 한다.

05 새발뜨기 하기 전 손시침을 한다.

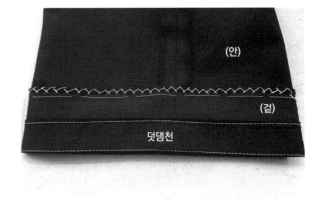

06 실에 여유를 주면서 새발뜨기를 한다. 덧댐천은 바지 밑단에 무게를 실어 바지의 떨어지는 핏을 좋게하고 구두와 바지 밑단의 마찰로 인한 해어짐을 방지하는 역할을 한다.

4 마무리 손바느질 하기

01 경사주머니 겉면에 손바텍 작업할 위치 표시한다(벨트박음선에서 1㎝ 내려온 지점과 주머니 끝).

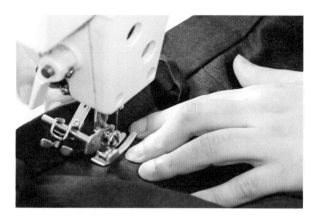

02 벨트안감이 같이 박히지 않도록 젖혀놓고 표시한 위치에 5mm 길이로 여러번 박음질을 한다.

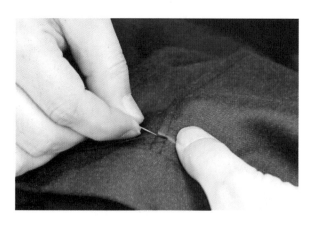

03 주머니 안쪽에서 바늘을 찔러 들어가 매듭을 숨기고 박음선의 끝지점에서 바늘을 겉으로 뺀다.

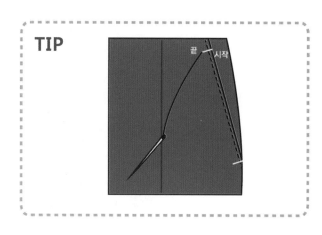

▲ 바텍 끝지점에서 바늘을 뺀 모습

04 다시 바텍 시작점을 찌르고 바텍 끝점으로 바늘을 뺀다.

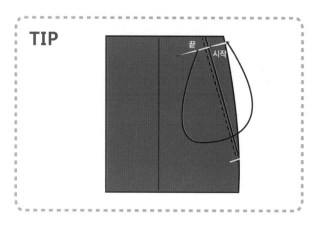

▲ 바텍 시작점에서 바늘 넣고 끝점에서 찔러 나온 모습

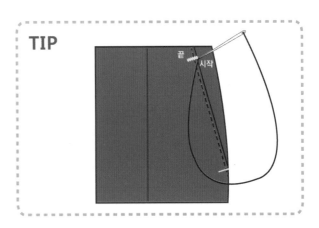

▲ 05번 상세 그림

05 바늘에 실을 감고 손으로 누른 채로 바늘을 빼 바텍을 만
든 다음 다시 바텍 시작점에서 바늘을 넣고 바텍 끝지점
에서 뺀다.

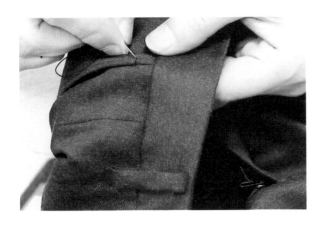

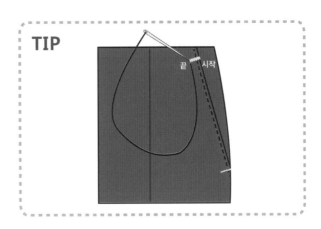

▲ 06번 상세 그림

06 바텍 끝지점으로 나온 바늘을 다시 밑으로 찔러 넣는다.

07 벨트안감을 젖히고 안쪽에서 여러번 제자리 뜨기하여 마
무리한다.

08 같은 방법으로 주머니 끝 바텍작업을 한다.

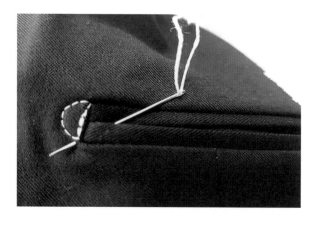

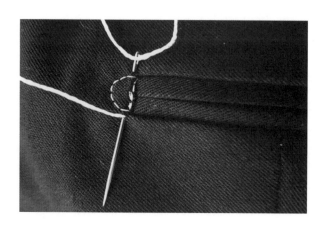

09 뒷판 입술주머니 양옆 바텍처리 한다. 매듭은 입술 주머니 사이로 숨기고 아랫 입술 옆 바텍 끝점으로 바늘을 뺀다.

10 이전과 동일

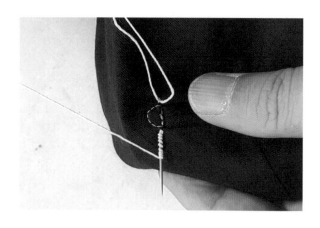

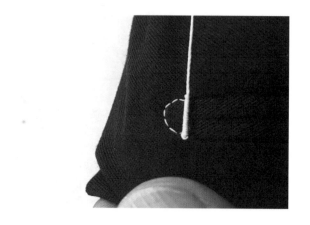

11 이전과 동일

12 이전과 동일

13 마이깡이 들리지 않도록 마이다대 스티치 선에서 일직선으로 올라와 벨트 중앙 위치에 고정바텍 처리한다.

14 마이다대 스티치 윗부분 바텍 완성 모습

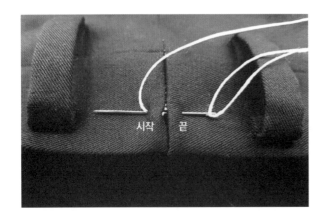

15 트임 안쪽에서 바텍 바느질을 시작해 매듭을 숨긴다. 원하는 길이의 바텍 시작점을 정하여 그 지점으로 바늘을 빼고 같은 길이의 반대편 바텍 끝으로 이동한 다음 사진과 같이 다시 바텍 시작점으로 바늘을 찔러 넣는다.

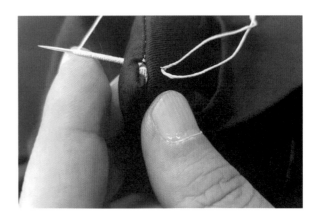

16 바텍 시작점으로 나온 바늘에 실을 한쪽 방향으로 바텍길이보다 2㎜ 정도 길게 감아준다.

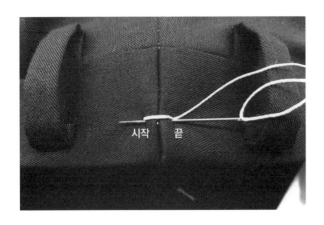

17 바늘대에 감긴 실을 손으로 누른 채 당기며 바늘을 뺀다. 뺀 바늘을 다시 처음처럼 바텍 끝지점에서 넣고 시작점에서 뺀다.

18 뺀 바늘을 다시 제자리로 넣어 벨트안감 쪽에서 매듭 풀리지 않게 되박음질 하고 실을 끊어준다.

19 뒷트임 바텍이 완성된 모습.

20 뎅고안감 접은선과 벨트안감이 만나는 부분 들뜨지 않게 감침질로 고정한다.

21 뎅고안감과 벨트안감 감침질로 고정한 모습

22 주머니속과 벨트안감을 텍킹한다. 벨트안감 끝에서 2㎜ 올라온 지점에 제자리 뜨기를 반복한다.

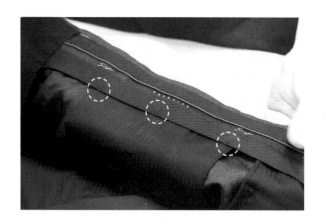

23 주머니 양쪽 끝과 중간에 텍킹한 모습

24 마이다대 접은선과 벨트안감 들뜨지 않게 감침질 한다.

5 단추구멍 바느질 및 단추달기

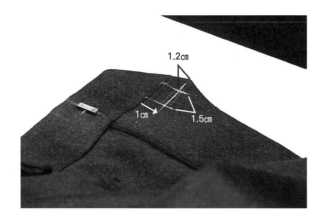

01 벨트선에서 1㎝ 내려오고, 뎅고 끝에서 1.2㎝ 들어온 지점에 1.5㎝ 크기의 단추구멍선(버튼홀 스티치의 기준선)을 그린다. 그 다음 그 선에서 위아래 1㎜ 간격으로 미싱시침한다.

02 탭 끝에서 1.5㎝ 들어와 1.5㎝ 크기의 단추구멍선을 그리고 마찬가지로 그 선에서 위아래 1㎜ 간격으로 미싱시침한다.

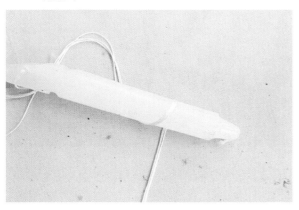

03 아나이도사에 초칠을 한다. 초에 실을 감았다가 당기며 푸는 과정을 반복한다. 초칠을 해준 실은 코팅효과로 인해 바느질 시 엉키지 않는다.

04 다리미로 실을 누르며 다리고 다른 한손으로는 실을 잡아당긴다. 이 과정에서 초가 실에 스며들고 나머지는 원단에 묻어 나오게 된다.

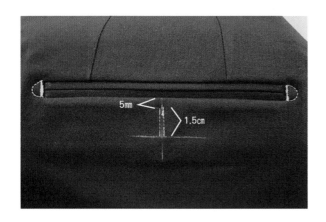

05 뒷판 쌍입술 주머니 만드는 과정에서 그렸던 단추구멍선을 중심으로 하여 양쪽 1㎜ 간격으로 '11' 자 시침한다.

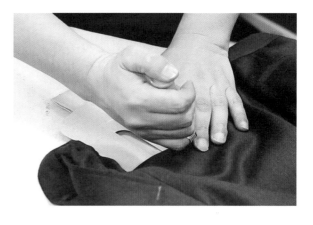

06 내경 2㎜ 짜리 펀치로 단추구멍선의 위쪽에 구멍을 뚫고 단추구멍을 절개한다(탭, 뎅고, 뒤 입술주머니 아래)

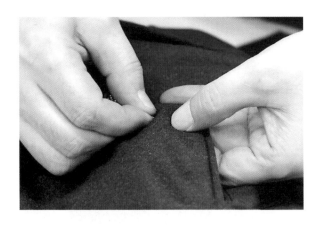

07 매듭을 짓고 단추구멍선 멀리서 한 땀 들어가,
(이 매듭은 나중에 단추구멍 버튼홀 스티치 작업이 끝나
고 안쪽에서 잘라주어 원단속으로 자연스럽게 실이 들어
가도록 한다.)

08 '11'자 시침선의 왼쪽 시침선 아래로 바늘을 뺀다.

TIP

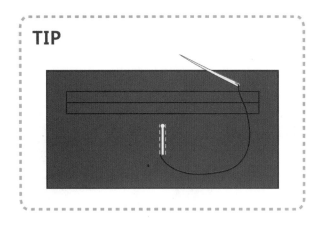

▲ 08번 상세 그림

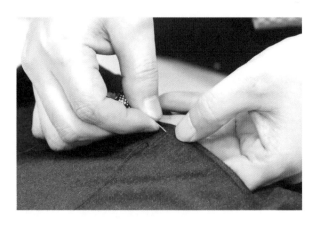

09 다시 바늘로 왼쪽 시침선의 위를 찌른 후

TIP

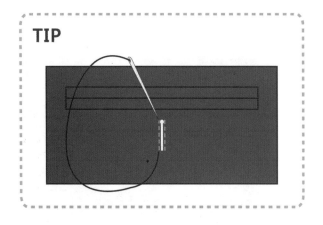

▲ 09번 상세 그림

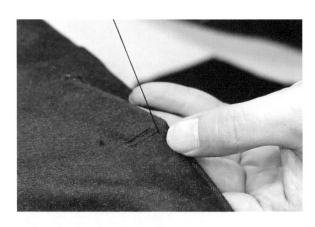

10 오른쪽 시침선의 위로 뺀다.

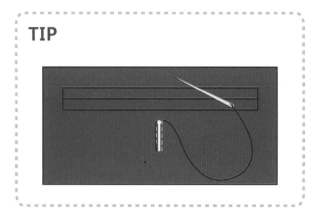

▲ 10번 상세 그림

11 오른쪽 시침선 아래쪽으로 바늘을 찔러주고.

12 왼쪽 시침선 아래부분에서 바늘을 뺀다.

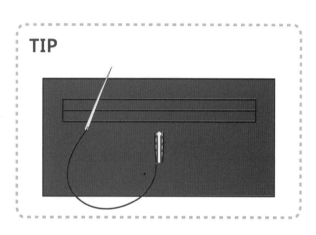

▲ 12번 상세 그림

13 '11'자 시침선을 감싸며 한 올씩 버튼홀 스티치를 한다. 절개된 틈사이로 바늘을 넣어 매듭을 숨기고 왼쪽 시침선 에서 1.5㎜ 이상 나가지 않는 지점에 바늘을 찔러준다.

14 바늘이 찔러져 있는 상태에서 바늘귀에 걸려있는 실을 바 늘대에 시계방향으로 한 바퀴 감고 바늘을 뺀다. 뺀 실을 매듭이 생기도록 당겨준다. 단추구멍 절개따라 한 바퀴 돌 며 이 과정을 반복한다.

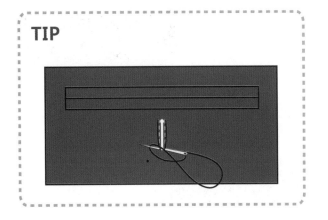

TIP

▲ 바늘이 꽂힌 상태에서 바늘대에 시계 방향으로 실을 한 바퀴 감는다.

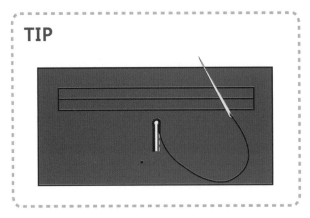

TIP

▲ 뺀 실을 매듭이 생기도록 당긴 후 매만진다. 매듭을 당기는 힘은 처음부터 끝까지 내내 동일해야 한다.

15 한 바퀴 돌았으면 버튼홀 스티치의 시작지점에서 끝지점까지 한 땀 떠 고정하고 다시 시작지점으로 돌아가 끝지점을 향해 바늘을 찔러준다.

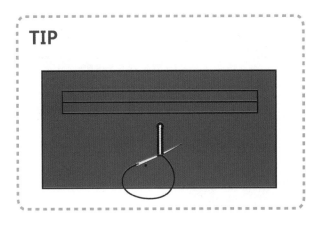

TIP

▲ 15번 상세 그림

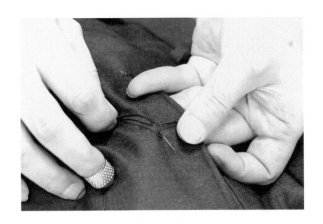

16 바늘이 꽂힌 상태에서 바늘대에 실을 여러번 감는다.

17 실을 누르며 바늘을 뺀 후 실을 당겨주면 손바텍이 만들어진다. 다시 처음 시작점에 바늘을 찔러주고 절개 아래 틈으로 바늘을 뺀다.

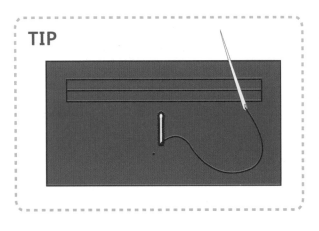

TIP

▲ 17번 상세 그림

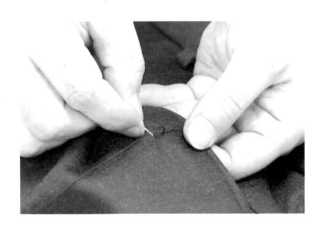

18 절개 틈으로 나온 바늘을 손바텍 아래에 꽂는다.

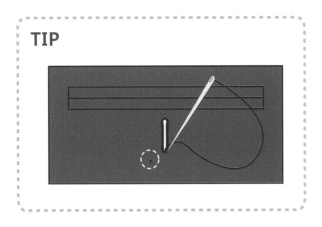

TIP

▲ 18번 상세 그림. 그림의 매듭은 버튼홀 스티치 완성 후 잘라
준다.

19 입술 주머니 안쪽에서 바늘을 빼 여러번 제자리 뜨기 후
마무리 한다.

20 단추구멍 버튼홀 스티치가 완성된 모습. 탭과 뎅고에 있는
단추구멍선도 이와 동일한 방법으로 작업한다.

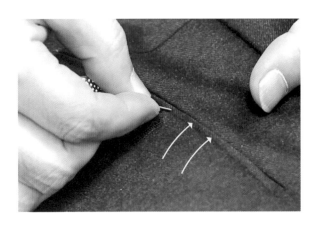

21 입술주머니가 벌어지지 않게 아랫입술을 들어올려 윗입술
위로 올라타게 한 상태에서

22 단추구멍 끝에 바늘을 넣어 단추를 달기 시작한다.

23 두줄의 실을 이용하여 두번씩 바느질을 한다. 원단 두께
만큼 뿌리감기를 하여 단추를 달아준다.

24 단추를 채워 완성된 모습. 앞판 탭과 뎅고도 지퍼를 잠근
후 단추구멍 위치에 맞춰 단추를 달아준다.

마무리 다림질 하기

1 마무리 다림질 하기

01 앞, 뒤 주머니속을 다린다.

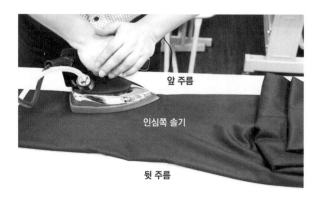

앞 주름

인심쪽 솔기

뒷 주름

02 앞주름과 인심쪽 솔기를 다린다. 어두운 원단일 경우 그냥 다리게 되면 원단이 번들거리는 현상이 발생할 수 있으므로 광목이나 제천을 대고 다려주는 것이 좋다.

03 뒷 주름선을 잡기 전 다린 앞주름선이 움직이지 않게 철망을 뒤집어 눌러 놓고 힙부분 남는 분량 자연스럽게 뒤로 밀어준다.

04 뒷주름을 잡아 다린다.

05 뒤집어 아웃심 쪽 솔기를 다린다.

06 마이다대와 스티치와 주변부를 다린다.

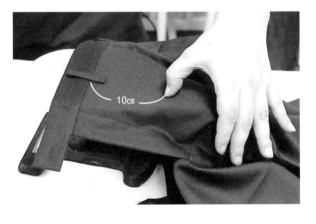

07 벨트고리와 그 아랫부분을 다린다. 벨트 박음선에서 아래로 10㎝ 내려간 지점이 앞주름의 시작점이 되도록 한다.

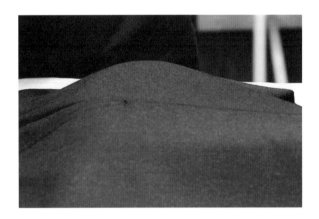

08 경사주머니 아랫부분과 아웃심쪽 솔기를 다린다.

09 경사주머니는 철망 가장자리를 이용해 볼륨을 살리며 다린다.

10 뒷판 옆솔기도 철망을 이용해 볼륨을 살려 다린다.

11 뒤 입술 주머니 부분을 다려준다.

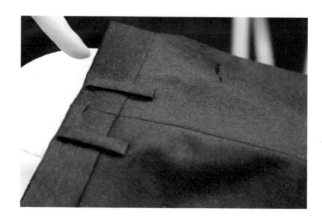

12 뒷중심 벨트고리를 다린다. 양쪽 벨트고리가 벨트 박음선 밑으로 내려온 길이가 같은지 확인한다.

13 양쪽 뒷주름선의 높이가 같게 다려졌는지 확인한다.

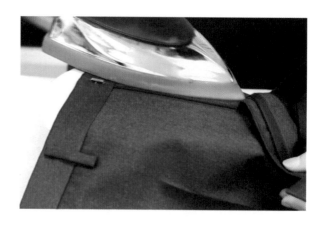

14 지퍼를 열고 뎅고 부분을 다린다.

15 마이다대 스티치선 아랫부분 다린다.

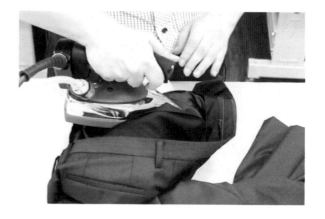

16 지퍼 아래 밑위 시접을 다린다.

17 완성된 바지 앞면

18 완성된 바지 뒷면

19 완성된 바지 옆면

· 부록 ·

바지 패턴
(정수정)

| 조극영, 『남성복 패턴』, 참고 |

남성 바지

허리둘레	84cm
엉덩이둘레	97cm
바지길이(벨트 포함)	105.5cm
인심길이	78cm
바지밑단둘레	38cm

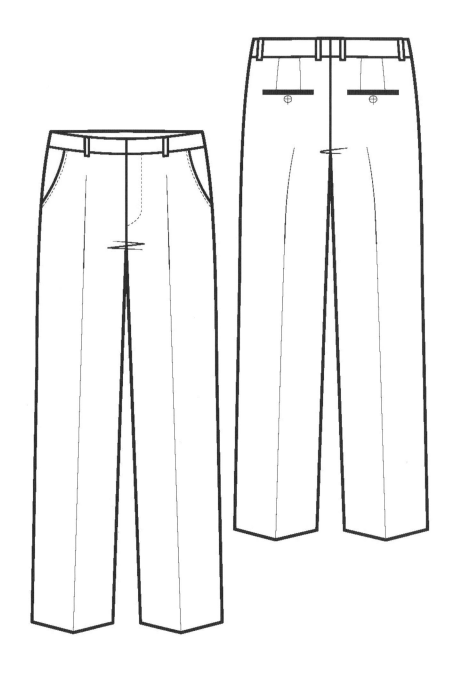

남성 바지 앞판

- 기초선 제도

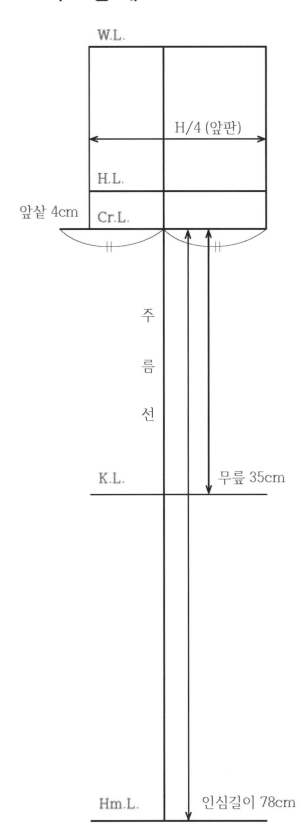

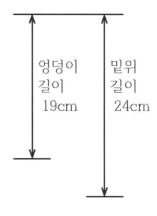

< 제도 순서 >

- 바지 길이 : (벨트 폭 제외) 102cm
- 밑위길이 24cm, 앞판폭 H/4(24.25cm)
  박스 그리기
- 엉덩이길이 : 19cm
- 앞샅폭 : 4cm
- 주름선 : (앞샅폭+앞판폭)의 이등분선
- 무릎선 : 35cm

남성 바지 앞판

기초선 제도(허리 벨트)

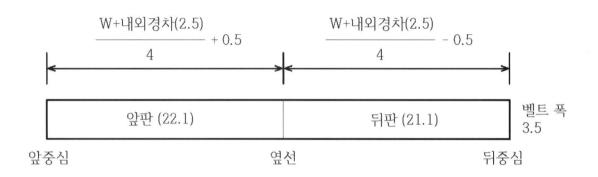

$$\frac{W+내외경차(2.5)}{4} + 0.5 \qquad \frac{W+내외경차(2.5)}{4} - 0.5$$

앞판 (22.1)	뒤판 (21.1)

벨트 폭 3.5

앞중심   옆선   뒤중심

- 허리 벨트 제도 시 내외경차를 감안하여 허리둘레에 여유 2.5cm를 더해준다.

- 앞, 뒤 엉덩이 길이를 같게 제도했을 때(H/4), 앞판 허리 길이는 뒤판 허리 길이보다 크게
  제도한다. 이는 인체 구조상 핏이 좋기때문이다.

남성 바지 앞판

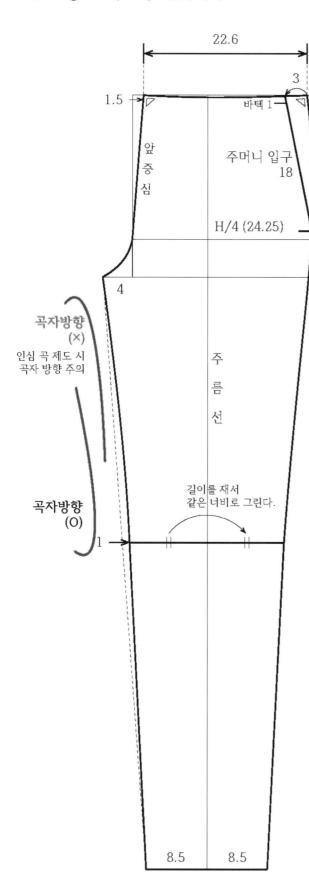

22.6

3

1.5

바텍 1

앞
중
심

주머니 입구
18

H/4 (24.25)

4

곡자방향
(×)

인심 곡 제도 시
곡자 방향 주의

주
름
선

곡자방향
(O)

1

길이를 재서
같은 너비로 그린다.

8.5   8.5

< 제 도 순 서 >

- 앞중심선 그리기
- 허리 선 : 앞판 벨트길이(22.1)+여유량(0.5)
- 바지 밑단 설정 : (바지 밑단둘레(38)-4)/4
- 인심 그리기

  앞샅폭 끝과 바지 밑단을 연결 후 무릎선
  1cm 들어간 점에서 무릎위는 곡선, 무릎
  아래는 직선으로 연결
- 옆선 그리기

남성 바지 뒤판

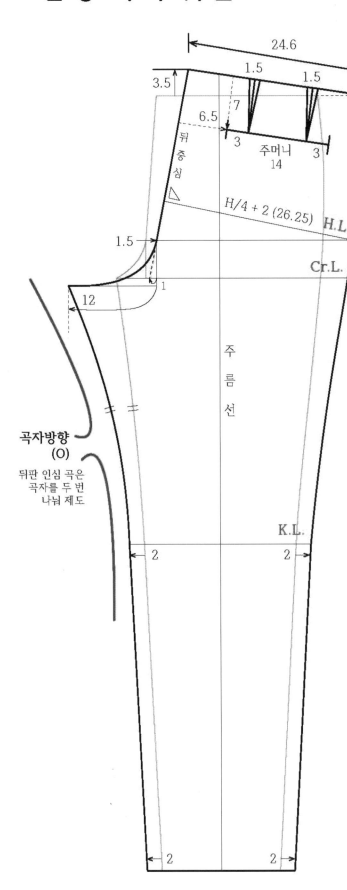

< 제도 순서 >

- 앞판을 기준으로 뒤판을 제도
- 뒤중심선 그리기
- 뒤샅폭 : 12cm
- 엉덩이선(H.L) : H/4+2(26.25cm)
  뒤중심선에 직각이면서 앞판의 엉덩이선과
  만나는 선
- 뒤 허리선
  뒤판 벨트길이(21.1)+다트(3)+여유량(0.5)
- 앞판 무릎선, 바지밑단에서 2cm 나가기
- 뒤 인심 그리기
  무릎위는 곡선, 무릎아래는 직선으로 연결
- 옆선 그리기
- 주머니와 다트 설정
  (남성복 바지는 입술주머니의 위치를 정한
  후에 다트 위치를 결정)
  주머니 : 허리선에서 7 내려 오고, 뒤중심
  선에서 6.5cm 떨어져 허리선에 평행으로
  주머니 14cm 그리기
  다트 : 입술 주머니 양쪽 3cm씩 들어와
  다트 2개 그리기

남성 바지 부속 (1)

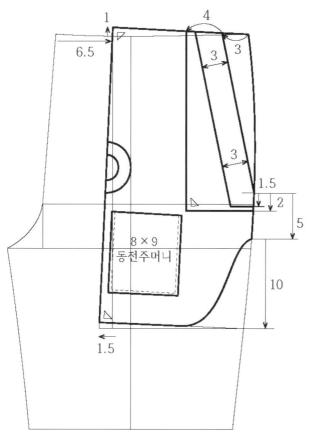

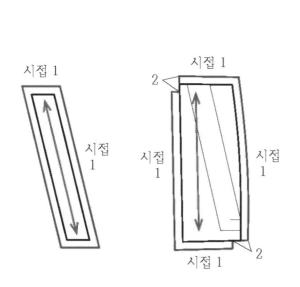

< 손등 마중감 >   < 손바닥 마중감 >

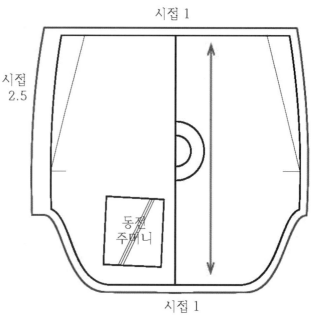

< 앞판 주머니감 >

남성 바지 부속 (2)

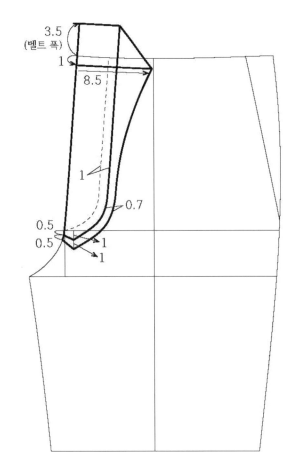

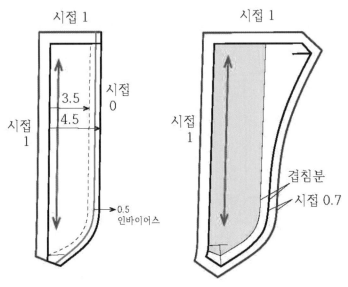

< 앞중심 덧단 >

< 지퍼 장식단 >

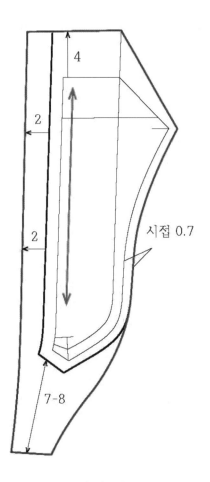

< 지퍼 장식단 안감 >

남성 바지 부속 (3)

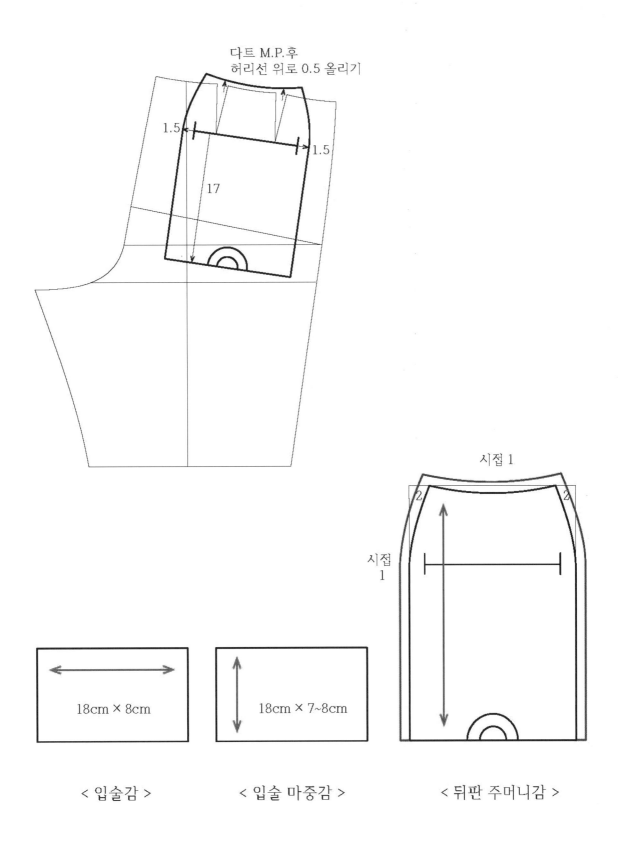

다트 M.P.후
허리선 위로 0.5 올리기

1.5

1.5

17

18cm × 8cm

< 입술감 >

18cm × 7~8cm

< 입술 마중감 >

시접 1

시접
1

2   2

< 뒤판 주머니감 >

다목적 다림목 사용설명서

다리미의 온도를 아무리 높여도, 스팀을 다량으로 분사하며 다려주어도 모양이 그대로 유지되지 않는 이유는 다리미 스팀의 열이 충분히 식지 않은 상태에서 다음 공정으로 넘어가기 때문입니다.

하지만 다목적 다림목을 이용하면 원단에 가해진 열이 식을때까지 마냥 기다릴 필요없이 열을 빠르게 식혀주며 원하는 모양이 깔끔하게 유지됩니다.

다리미가 지나간 곳은 다시 한 번 다림목으로 눌러주세요. 다목적 다림목은 눌러주는 역할에 그치지 않고 몇가지 편리한 기능을 더해 만들어져 작업자의 시간 절약 및 생산 품질 향상에 큰 도움을 줍니다.

◉ 사용 방법

스팀을 분사해 다림질을 한 후 다림목으로 열이 식을때까지 잠시동안 눌러줍니다.

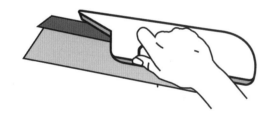

◉ 제품 사양

제 품 명	다목적 다림목
재 질	소나무
제품크기	(W)280 X (D)80 (㎜)

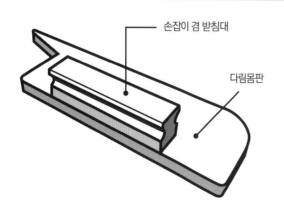

손잡이 겸 받침대

다림몸판

◉ 다목적 다림목은?

01 - 천연오일 마감
화학성분을 첨가하지 않은 천연오일을 3번 덧발라 마감하여 안심하고 사용하실 수 있습니다.

02 - 깔끔하고 안전한 마감
몸판과 손잡이 연결 부분에 목심을 이용하여 다림목의 겉에서 어떠한 피스도 보이지 않아 깔끔하고 튼튼합니다.

목심

03 - 높은 완성도
합판이 아닌 원목으로 만들어져 원목의 결과 느낌이 그대로 살아있습니다. 정성스런 가공과 샌딩작업으로 유려한 외관, 부드럽고 매끄러운 질감을 자랑합니다.

◉ 다목적 다림목의 기능

① 다림목을 옆으로 세우면 가름솔 하기 어려운 앞솔기도 편하게 다릴 수 있으며 앞솔기 모양도 완벽하게 유지됩니다.

다림목을 옆으로 세우고 그 위에 다림질을 할 앞솔기 부분을 씌워줍니다.

세워진 면 위에 시접을 놓고 쉽게 가름솔 할 수 있습니다.

앞판 겉 (안)

앞판(안) 안단

둥근 모양의 밑단 시접을 다릴때에는 다림목의 둥근 부분을 이용합니다.

다림목의 둥근부분을 작업대 바깥으로 나오도록 세우고 둥근 밑단을 씌워줍니다. 위에서부터 밑단까지 한번에 가름솔하기 용이합니다.

② 데스망으로도 다리기 어려웠던 카라부분을 쉽게 가름솔할 수 있습니다.

ex) 너치드 카라

이 부분을 이용해 다려줍니다.

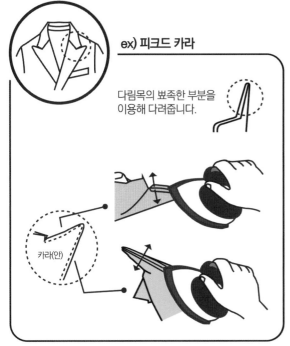

ex) 피크드 카라

다림목의 뾰족한 부분을 이용해 다려줍니다.

카라(안)

③ 다림목을 옆으로 누이면 앞솔기 자리잡기 시침질에 알맞은 각도가 되도록 제작 되었습니다.

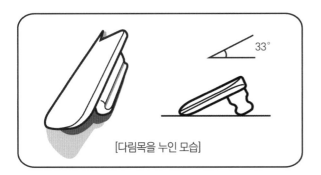

[다림목을 누인 모습]

33°

(X)　　　　　　(O)

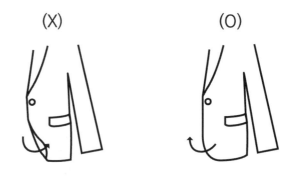

앞솔기 자리잡기 시침질을 할때 바닥에 놓인 채로 그냥 시침을 하면 자켓 앞쪽이 들리는 현상이 발생합니다. 이것을 방지하기 위해 걸 몸판이 안단쪽으로 살짝 휘어진 상태에서 시침을 해야 합니다.

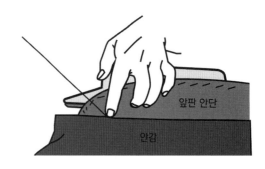

앞판 안단

안감

누인 다림목 위에 앞 안단을 올려 놓고 시침을 합니다. 다림목 각도(33°)에 의해 몸판과 안단의 내·외경 차이가 저절로 주어지게 되므로 작업이 쉽고 빨라집니다.

◉ 손질 방법

천연오일로 마감하였으나 원목이기 때문에 사용량이 많을 경우 표면이 습기에 거칠어 질 수 있습니다. 그럴때에는 고운 사포로 한 두번만 문질러 주면 다시 매끄러워 집니다.

◉ 구입 문의

· 카카오ID : yhch1616

· 휴대전화 : 010-3243-1069

· 상품가격 : 35,000원

유튜브에서　| 최영호쌤의 옷 만들기　 |　을 검색하시면 보다 자세한 다림목 사용법을 동영상으로 보실 수 있습니다.